蚊子
晚上不睡觉

意想不到的昆虫

[土耳其]法提赫·迪克曼博士 著 [土耳其]苏梅耶·埃尔奥卢 绘 王柏杰 译

中信出版集团 | 北京

图书在版编目（CIP）数据

蚊子晚上不睡觉：意想不到的昆虫 /（土）法提赫
·迪克曼博士著；（土）苏梅耶·埃尔奥卢绘；王柏杰
译. -- 北京：中信出版社，2024.4
ISBN 978-7-5217-5277-9

Ⅰ.①蚊… Ⅱ.①法…②苏…③王… Ⅲ.①昆虫 –
儿童读物 Ⅳ.①Q96-49

中国国家版本馆CIP数据核字（2023）第021884号

蚊子晚上不睡觉：意想不到的昆虫

著　　者：〔土〕法提赫·迪克曼博士
绘　　者：〔土〕苏梅耶·埃尔奥卢
译　　者：王柏杰
出版发行：中信出版集团股份有限公司
　　　　　（北京市朝阳区东三环北路27号嘉铭中心　邮编 100020）
承 印 者：北京启航东方印刷有限公司

开　　本：889mm×1194mm 1/8　　印　　张：14　　字　　数：220千字
版　　次：2024年4月第1版　　印　　次：2024年4月第1次印刷
京权图字：01-2023-0227
书　　号：ISBN 978-7-5217-5277-9
定　　价：68.00元

出　　品：中信儿童书店　　　　　　　版权所有·侵权必究
图书策划：好奇岛　　　　　　　　　　如有印刷、装订问题，本公司负责调换。
策划编辑：范子恺　　　　　　　　　　服务热线：400-600-8099
责任编辑：李跃娜　　　　　　　　　　投稿邮箱：author@citicpub.com
营　　销：中信童书营销中心　　　　　官方微博：weibo.com/citicpub
封面设计：彭小朵　　　　　　　　　　官方微信：中信出版集团
内文排版：田伟男　　　　　　　　　　官方网站：www.press.citic

这本书的
小主人是：

目 录

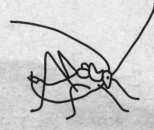

非洲

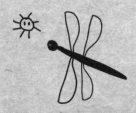

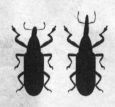

亚 洲

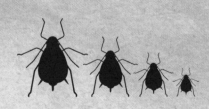
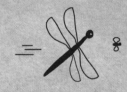

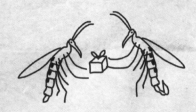

欧洲

北美洲

南美洲

大洋洲

心灵手巧的妈妈：象甲

象甲的头部比许多昆虫都要长。它看上去似乎有一个形如象鼻的长长鼻子，但你可不要被它的外表所迷惑，昆虫是没有鼻子的。这不是鼻子，而是它的头延伸成了喙状，末端是它的口器。得益于这一结构，象甲可以把口器伸进许多小角落，轻松吃到食物。除此之外，长长的喙状头对保护卵也发挥着重要作用，比如

有的种类的象甲妈妈，会用喙状头在果实上钻一个洞，再小心翼翼地在里面产卵。在这里，弱不禁风的小象甲会无忧无虑地进食、成长，不需要象甲妈妈每时每刻守护着它们。雌象甲把卵产在农作物内，虽然可以保护后代免受外界的侵扰，却对农作物造成了伤害，因此象甲是一种农业害虫。

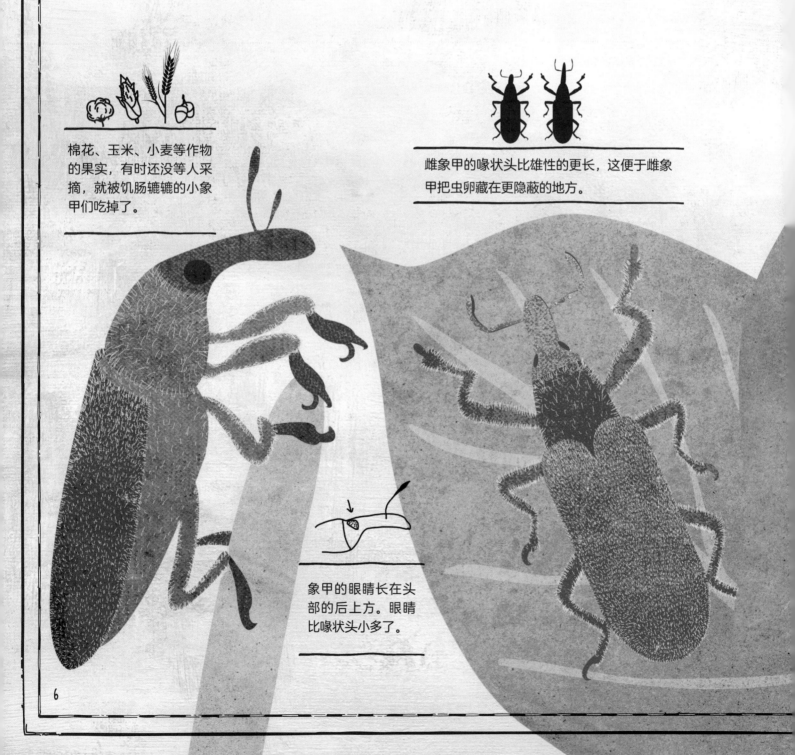

棉花、玉米、小麦等作物的果实，有时还没等人采摘，就被饥肠辘辘的小象甲们吃掉了。

雌象甲的喙状头比雄性的更长，这便于雌象甲把虫卵藏在更隐蔽的地方。

象甲的眼睛长在头部的后上方。眼睛比喙状头小多了。

6

象甲的长长的喙状头有利于取食植物，还能帮助象甲在植物上打洞、搭窝、产卵。

膜翅

小小的翅让它能飞行，膜翅平时藏在鞘翅下。

猜猜我是谁？

象甲的一对触角看上去像两根胡须，沉甸甸地垂下来，又像两个小把手。

象甲的喙状头上有一个凹槽。象甲有时为了保护触角，会把触角放在凹槽里。

名字：
黄粉筒喙象甲

特点：
头部有喙状延伸，像象鼻

拉丁学名：
Lixus pulverulentus

体长：
13 ～ 18 毫米

晚上睡不着的原因：蚊子

蚊子是夏夜里最讨人嫌的昆虫了。它在你耳边"嗡嗡嗡"地叫，没等你反应过来，吸一口血，又马上飞走了。这一过程发生得如此迅速，以至于它都没来得及向你道谢。当然了，它还会留下一个痒痒的"小礼物"，让你整夜记着它。但不是所有蚊子都这么伤害不大。伊蚊体形也十分不起眼，有些却携带黄热病病毒。

伊蚊会把黄热病病毒传播给人畜，但这种病毒对蚊子本身无害。伊蚊把吸管似的口器刺进人畜的皮肤，一边吸血，一边把病毒注入人畜体内。埃及伊蚊一般喜欢在日出和日落时分"作案"，但一只饿极了的伊蚊也会忍不住晚上出来觅食，整晚"嗡嗡嗡"地飞来飞去，寻找机会吸血。

雌蚊子的寿命一般是 1 个月左右。

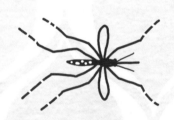

伊蚊身上有白色的斑纹，非常好辨认。尤其是伊蚊足上的白色环纹最为明显。

雌蚊子能够感觉到人类呼出的二氧化碳和释放的乳酸，以此选择吸谁的血。

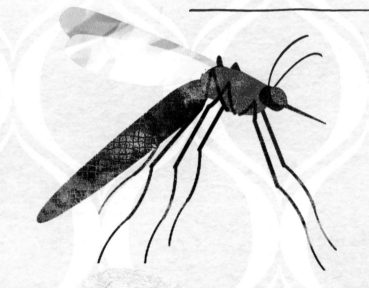

名字：
埃及伊蚊

特点：
携带病毒，让人畜生病

拉丁学名：
Aedes aegypti

体长：
5～7毫米

雄性　　雌性

雄蚊有一对硕大而壮观的触角，你可以通过观察触角来分辨蚊子的雌雄。

不光是黄热病病毒，伊蚊还有可能携带登革热病毒和寨卡病毒。

从卵中刚孵出的幼虫是没有翅和足的。幼虫在水中游泳并一天天长大，它们会在水面上倒立休息，以水中的浮游生物为食。幼虫在2～3周内化蛹，随后长出翅、足和细长的口器，离开水面。之后会一直飞行，再也不会回到水里生活。

蚊子的成虫以植物的汁液、花蜜为食，只有雌蚊子为了繁殖后代才吸血。所以雌蚊吸血，雄蚊不吸血。

会飞的玫瑰：芒柄花斑蛾

芒柄花斑蛾得名于它细长翅上的鲜红色斑点，这种红色十分耀眼。在白天，芒柄花斑蛾在阳光下，会扑棱扑棱地飞来飞去。它常常在草地和花丛里流连忘返。头上的一对触角能感知鲜花和同伴的位置。芒柄花斑蛾和其他蛾一样，用长长的口器吮吸可口的花蜜，你可以想象成一只芒柄花斑蛾用"吸管"（也就是口器）在喝"饮料"。吃饱喝足了，它就把"吸管"卷起来，起到保护的作用。

芒柄花斑蛾的幼虫也有引人注目的体色和花纹，但幼虫身上的花纹不是红色，而是亮黄色、黑色或绿色的。

芒柄花斑蛾的翅有金属般醒目的蓝绿色光泽，让敌人不敢贸然靠近。

猜猜我是谁?

呼噜呼噜!

芒柄花斑蛾的茧有点像婴儿的襁褓。芒柄花斑蛾宝宝会在这个奶油色、黄色或者咖啡色的襁褓里酣睡一段时间,最终成为一只美丽的芒柄花斑蛾。

芒柄花斑蛾对付天敌还有一种防御手段——体内释放一种淡黄色恶臭液体。这种液体含有一种名叫氰化氢的有毒物质,十分难闻,尝起来味道更糟糕。这种恶臭的液体可以让芒柄花斑蛾不被轻易吃掉。

和吮吸花蜜的成虫不同,芒柄花斑蛾的幼虫喜欢吃叶子。

名字:
芒柄花斑蛾

特点:
颜色艳丽,有毒

拉丁学名:
Zygaena maroccana

体长:
12～18 毫米

长翅膀的彩虹：乳草齿脊蝗

乳草齿脊蝗是世界上颜色最鲜艳的蝗虫之一。在它的身上，你几乎可以找到彩虹的全部颜色，这让它看上去五彩斑斓，一副惹人喜爱的样子。然而事实并非如此，乳草齿脊蝗的胸腔中会流出一种奇特的液体，这种液体含有毒素。乳草齿脊蝗身上鲜艳醒目的颜色，就是在警告其他动物，它很难吃，并且有毒，从而降低被天敌吃掉的概率。乳草齿脊蝗名字里带着"乳草"二字，是因为它们取食马利筋属（俗称乳草）植物。马利筋属植物有毒，乳草齿脊蝗可将毒素贮存在体内。这种毒素会破坏敌人的食欲，从而给乳草齿脊蝗留一条活路。对于某些动物来说，乳草齿脊蝗的毒液甚至是致命的。

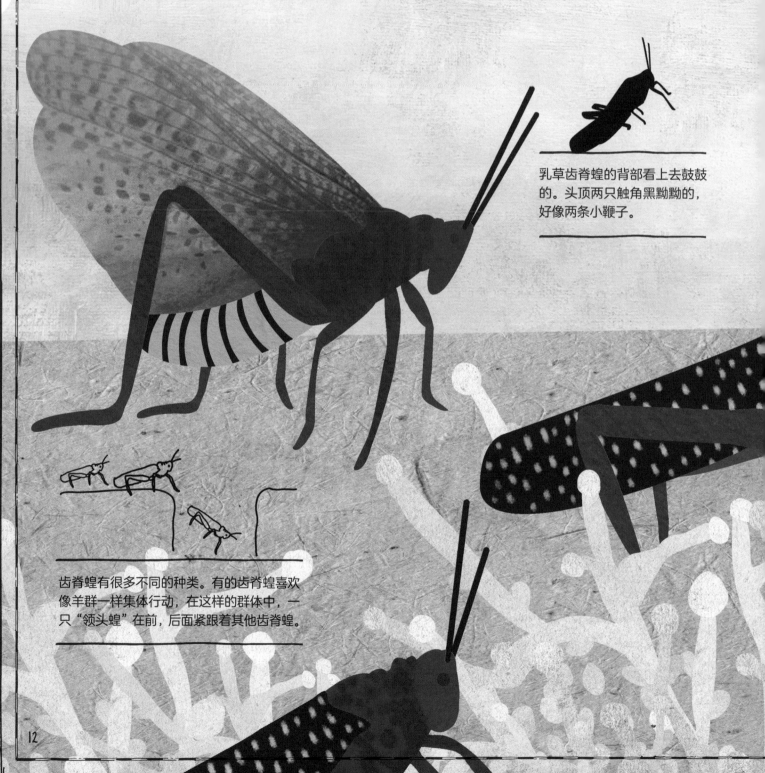

乳草齿脊蝗的背部看上去鼓鼓的。头顶两只触角黑黝黝的，好像两条小鞭子。

齿脊蝗有很多不同的种类。有的齿脊蝗喜欢像羊群一样集体行动，在这样的群体中，一只"领头蝗"在前，后面紧跟着其他齿脊蝗。

名字：
乳草齿脊蝗

特点：
颜色艳丽，有毒

拉丁学名：
Phymateus morbillosus

体长：
7～10 厘米

猜猜我是谁？

雌性乳草齿脊蝗虽然有大大的翅，但不太会飞，反而更喜欢在地上爬行。

扑棱

扑棱

在遇到危险的时候，乳草齿脊蝗会振动翅发出扑棱扑棱的响声，然后从胸腔流出毒液，把面前的敌人吓得赶紧逃走。如果敌人没有被吓跑，最后把它吃了，也会中毒。

在非洲，乳草齿脊蝗偶尔会被当地小孩子误当作色彩鲜艳的糖果吃掉。过不了多久，可怜的孩子就会生病，发现吃下去的并不是糖果。

世界上最大的昆虫之一：歌利亚大角花金龟

歌利亚大角花金龟，和埃及著名的圣甲虫是"表亲"。不过，相比它和圣甲虫的关系，其庞大的体形更容易引起人们的赞叹。歌利亚大角花金龟是公认的世界上最大的甲虫之一，差不多达到成人的手掌大小，它一半的身躯覆盖着黑白相间的花纹，十分亮眼。头部几乎全白。雄性歌利亚大角花金龟头部的触角呈"Y"字形。

歌利亚大角花金龟不像它的"表亲"圣甲虫一样对粪便充满了好奇，它常常在树干上四处爬动，以草木的汁液和果实为食。不过，歌利亚大角花金龟很难爬上花朵，毕竟体重很大，一般的花朵都承受不住。歌利亚大角花金龟的幼虫也非常大。

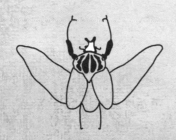

歌利亚大角花金龟的幼虫喜欢吃腐殖质和朽木。幼虫的长度甚至能达到10厘米。

歌利亚大角花金龟有两对翅。前翅大而硬，能够遮住它的整个身躯。同样巨大的后翅却很薄，像一层薄纱，叠在前翅底下。当歌利亚大角花金龟想要起飞的时候，它就打开前翅，露出后翅，通过后翅的振动起飞。

名字：
歌利亚大角花金龟

特点：
体形最大的昆虫之一

拉丁学名：
Goliathus goliatus

体长：
5～11厘米

1月

歌利亚大角花金龟成虫的寿命一般是 1 个月左右。

幼虫不光是体形大，体重也令人吃惊，差不多能达到 100 克。因此，非洲一些部落常常将歌利亚大角花金龟的幼虫当作晚餐。

雄性歌利亚大角花金龟通过炫耀头部的触角，向同类发起挑战，如果双方都没有退缩，就会爆发一场非常激烈的打斗。在打斗中，头部的触角可以用来互相推搡拉扯。

雌虫没有触角，头部像一把匕首，可以轻易在树干上挖出一个鸡蛋大小的洞。

15

耷拉着脖子，又爱挑食：长颈鹿卷叶象

长颈鹿卷叶象看上去特别滑稽，胖胖的身体上仿佛伸出了一个长长的管道。这个看起来像长脖子的"管子"，其实是长颈鹿卷叶象的头部延伸形成的。头顶看起来好似胡须的部位则是触角。恰恰因为它的长"脖子"令人联想到长颈鹿，所以才被称为长颈鹿卷叶象。但乍一看，它和起重机也有几分神似。不论是和天敌战斗，还是为幼虫搭窝，长长的"脖子"都发挥了很重要的作用。雌性长颈鹿卷叶象会挑选一株灌木，将一片叶子折起来，搭建出一个弯曲的"摇篮"。随后它会在"摇篮"内产卵，再将这片叶子从灌木上弄断，于是叶子掉到地面上。一段时间后，落在地上的"摇篮"里，幼虫破卵而出，最初保护它的"摇篮"此时成了食物来源，幼虫也逐渐生长成蛹，最后变成成虫。

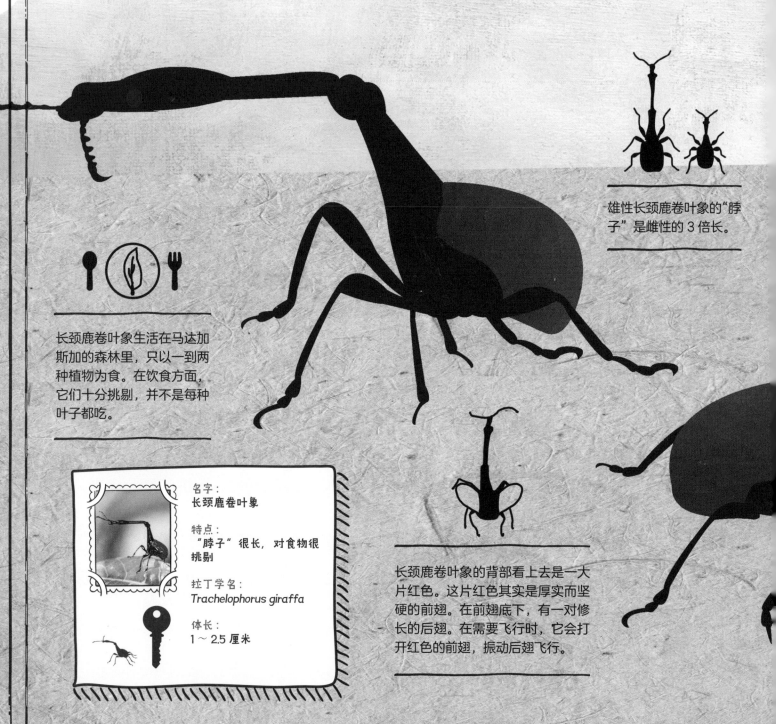

雄性长颈鹿卷叶象的"脖子"是雌性的 3 倍长。

长颈鹿卷叶象生活在马达加斯加的森林里，只以一到两种植物为食。在饮食方面，它们十分挑剔，并不是每种叶子都吃。

名字：
长颈鹿卷叶象

特点：
"脖子"很长，对食物很挑剔

拉丁学名：
Trachelophorus giraffa

体长：
1 ~ 2.5 厘米

长颈鹿卷叶象的背部看上去是一大片红色。这片红色其实是厚实而坚硬的前翅。在前翅底下，有一对修长的后翅。在需要飞行时，它会打开红色的前翅，振动后翅飞行。

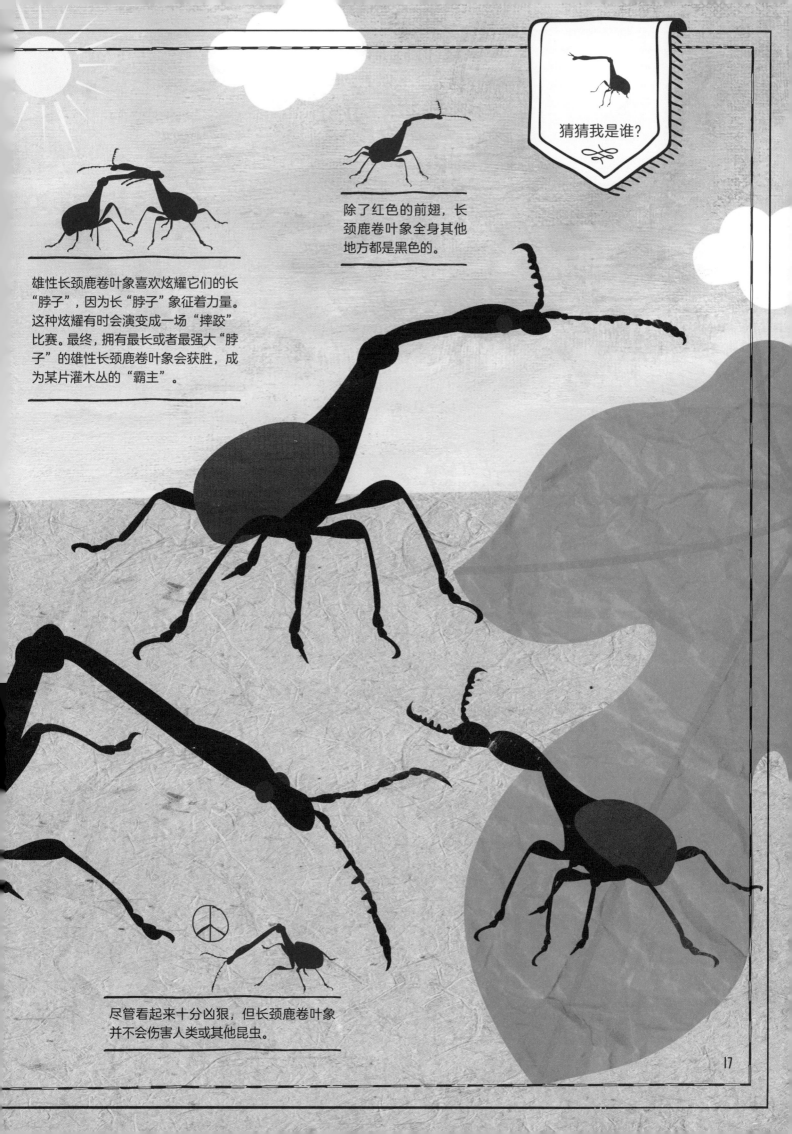

除了红色的前翅，长颈鹿卷叶象全身其他地方都是黑色的。

雄性长颈鹿卷叶象喜欢炫耀它们的长"脖子"，因为长"脖子"象征着力量。这种炫耀有时会演变成一场"摔跤"比赛。最终，拥有最长或者最强大"脖子"的雄性长颈鹿卷叶象会获胜，成为某片灌木丛的"霸主"。

尽管看起来十分凶狠，但长颈鹿卷叶象并不会伤害人类或其他昆虫。

神圣的甲虫：圣蜣螂

为了养育后代，蜣螂会在动物的粪便中寻找食物，因为这些"便便"虽然是动物的排泄物，却含有一些未消化的食物残渣。蜣螂为了填饱幼虫的肚子，将大量的动物粪便分割并滚成一个个小球，在地上滚动到家门口。蜣螂的幼虫则以这些粪球为食，一天天长大。埃及圣甲虫（圣蜣螂）是最著名、最神圣的一种蜣螂。它们全身漆黑，头部有冠状突起。在五千年前的古埃及，人们认为圣蜣螂滚动粪球的动作，象征着众神推动太阳，因此古埃及人对圣蜣螂十分崇敬，认为它们是神圣的。

由于蜣螂以动物粪便为食，人们也将其称为"屎壳郎"（蜣螂，请你别生气）。

古埃及人认为圣甲虫十分神圣，因此将圣甲虫的图案绘制在金字塔等地方，还根据圣甲虫的模样制作石雕。

名字：
圣蜣螂 / 圣甲虫

特点：
神圣、高贵

拉丁学名：
Scarabaeus sacer

体长：
2～3 厘米

圣蜣螂体表特别是足上长着倒刺，可以使它更快地将粪便塑造成球形。

圣蜣螂之所以将粪便滚成球形，是因为球形便于推动和搬运。一只圣蜣螂可以像杂技演员一样灵巧而轻松地推动一颗比自身重10倍的粪球前进。

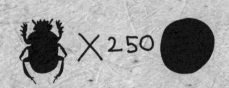

圣蜣螂可以在一个晚上，用相当于自身体重250倍的动物粪便，制成大大小小的粪球并滚回家。也就是说，如果没有圣蜣螂，可能漫山遍野都是动物的粪便。

疯狂的工程师：白蚁

白蚁因其在土中建造的壮观蚁巢而闻名于世。为了通风，有些种类白蚁蚁巢的顶部会有一些形似烟囱的高大土丘。根据实际需要，这些"烟囱"的高度一般为 2 ~ 3 米，或是 8 ~ 9 米。白蚁巢穴的通风孔设计得十分精妙，即使在夏天最炎热的时节，巢穴内部温度仍保持在 30℃以下。

白蚁和蚂蚁一样，属于群居性昆虫。因为白蚁通体白色，所以被称为白蚁。有人会误认为白蚁就是蚂蚁的一种，但两者其实是完全不同的物种。猛大白蚁以巨大的身躯出名，是世界上最大的白蚁之一。在某些情况下，猛大白蚁会凿空树干，在树干里修建巢穴，但它们通常还是会把巢穴建在土壤里。通过观察它们大大的头部和长长的身子，我们很容易把它们和蚂蚁区别开来。

在巢穴内，可以发现不同大小和分工的白蚁，一般分为蚁王、蚁后、工蚁和兵蚁四种。

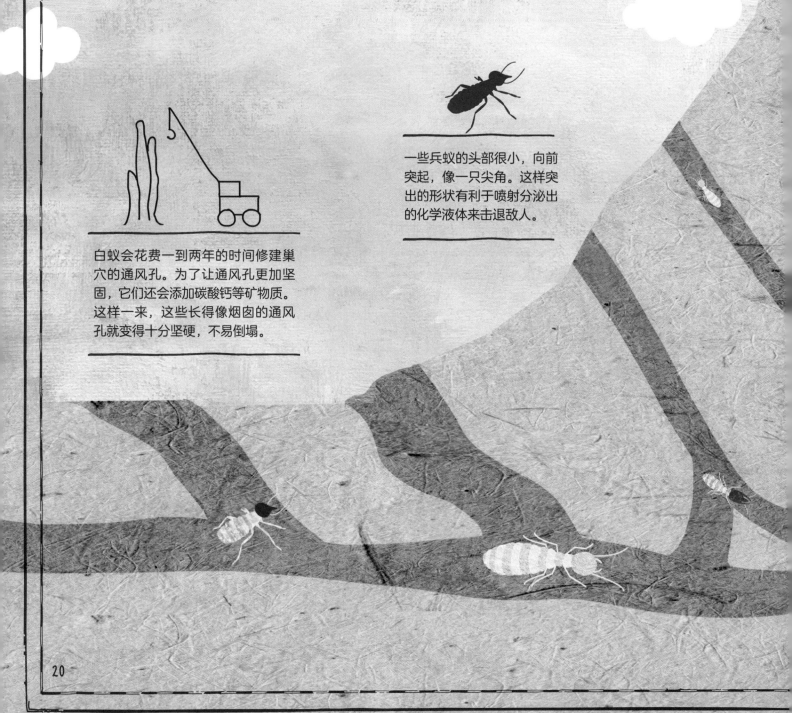

一些兵蚁的头部很小，向前突起，像一只尖角。这样突出的形状有利于喷射分泌出的化学液体来击退敌人。

白蚁会花费一到两年的时间修建巢穴的通风孔。为了让通风孔更加坚固，它们还会添加碳酸钙等矿物质。这样一来，这些长得像烟囱的通风孔就变得十分坚硬，不易倒塌。

白蚁的寿命有长有短。有的白蚁只能活 1 ~ 2 年，有的蚁后甚至能活上 50 年。

1~2年　50年

白蚁并不都是没有翅的。在一年中的某些时节，蚁后会生出带翅的白蚁，这些白蚁长大后会飞出巢穴，建立新的家族，成为下一代蚁王和蚁后。

白蚁的巢穴里，最勤奋的非工蚁莫属。它们忙着寻觅食物，建造巢穴，照看幼蚁。兵蚁有大大的头部和口器，能够威慑敌人，保护蚁群。兵蚁唯一的工作就是保护巢穴。

名字:
猛大白蚁

特点:
体形巨大, 是杰出的工程师

拉丁学名:
Macrotermes bellicosus

体长:
3.5 ~ 11 厘米

21

独来独往的小可爱：无花果榕小蜂

即使是特别喜欢吃无花果的人，可能也不太清楚无花果榕小蜂对有些种类的无花果果实发育发挥着重要作用。无花果榕小蜂身形小巧，很多人都不认识它们。它们将身上的花粉撒落到无花果的雌花上，无花果果实开始发育，无花果榕小蜂也就出色地完成了使命。那么，帮助无花果繁衍后代的伟大使命到底是如何完成的呢？雌蜂长有翅，浑身黑色，不过双翅和身体比较无力，飞不了太远，它们只好就近选择无花果花序，并通过一个小窗口钻进去。如果进入的是正常雌花的花序，无花果的雌花接收到雌蜂带来的花粉后会迅速发育成真正的果实。如果进入的是特化的雌花的花序，雌蜂会在无花果的花序里产卵。雄蜂先孵化出来，会寻找子房内的雌蜂交配，并在无花果花序上打一个洞，以便雌蜂钻出，但大多数雄蜂不久后便与世长辞了。雌蜂如果能顺利找到洞，就会钻出洞，去寻找新的无花果花序，并繁育下一代。

一部分幼蜂由于找不到雄蜂打的洞，或撞坏了翅或者触角，最终无法飞出无花果花序，在里面死去。它们的身体中的蛋白质成了无花果果实发育的养料。

蜂妈妈会用腹部末端的一根管子来产卵。

无花果榕小蜂的寿命一般是1周左右。

名字：
无花果榕小蜂

特点：
喜欢独居，有责任心

拉丁学名：
Blastophaga psenes

体长：
1.5～2毫米

给无花果授粉的无花果榕小蜂被称为"传粉者"，无花果榕小蜂的授粉行为被称为"虫媒授粉"。

无花果吃起来甜甜的"果肉"，其实是花托结构；而里面像小芝麻一样的"种子"，其实不是种子，而是真正的果实。

小小风筝：绿尾大蚕蛾

绿尾大蚕蛾约有成人手掌大小，有一对引人瞩目的青色翅，十分绚丽。但只有特别心细的人才能在大自然中发现它。因为白天，绿尾大蚕蛾一般不活动，即使活动也是飞舞在绿色的叶丛中，想要找到它可不是件容易的事。

绿尾大蚕蛾属于长尾水青蛾属，该属蛾类的一个共同特点是翅上都有眼睛状的斑点。绿尾大蚕蛾的两只前翅和两只后翅上各有一个这样的斑点。这些斑点的一侧呈弯弯的月牙形，因此绿尾大蚕蛾也被称为"月蛾"。此外，绿尾大蚕蛾的后翅还像尾巴一样延伸出去，让它看上去像一个小风筝。

绿尾大蚕蛾和蚕一样，会结茧。不过这些茧不像蚕茧一样值钱。

绿尾大蚕蛾很好养活。幼虫喜欢吃樱桃树、苹果树、柳树、核桃树和木槿树等树的叶子，不挑食。

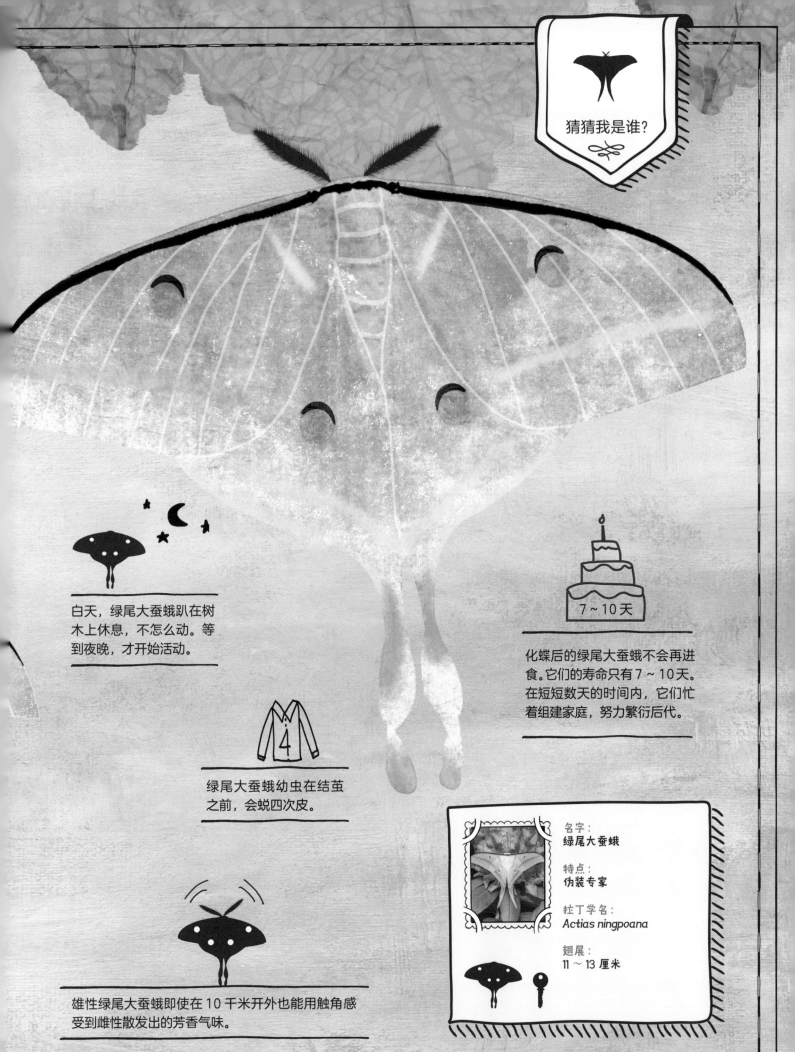

白天，绿尾大蚕蛾趴在树木上休息，不怎么动。等到夜晚，才开始活动。

7~10天

化蝶后的绿尾大蚕蛾不会再进食。它们的寿命只有7~10天。在短短数天的时间内，它们忙着组建家庭，努力繁衍后代。

绿尾大蚕蛾幼虫在结茧之前，会蜕四次皮。

雄性绿尾大蚕蛾即使在10千米开外也能用触角感受到雌性散发出的芳香气味。

名字：
绿尾大蚕蛾

特点：
伪装专家

拉丁学名：
Actias ningpoana

翅展：
11~13厘米

长着巨颚的领袖：加鲁达方头泥蜂

雄性加鲁达方头泥蜂下颚异常巨大，似乎它可以轻易一口咬断你的手指。但别害怕！加鲁达方头泥蜂不会主动来打扰你，它只想和亲朋好友一起过平静惬意的生活。它的大颚，只用于保护后代免受外敌侵扰。

雌性加鲁达方头泥蜂则会在土里挖隧道、建房子。这些隧道式的房间，能为后代的成长提供良好的环境。

在幼虫出生前，雄蜂和雌蜂已经捉了一些蜘蛛、蚂蚱堆在家门口。由于幼虫不吃死掉的虫子，因此雄蜂和雌蜂将毒液注入抓来的猎物体内，把它们麻痹，而不是直接杀死它们。被麻痹的猎物动弹不得，一直到幼虫出生都保持鲜活。幼虫可以轻而易举地把它们吃进肚子里。

加鲁达方头泥蜂在建好房子后不会寸步不离地守着卵，而是去捕捉猎物并堆积在家门口，作为日后幼虫所需的食物。

加鲁达方头泥蜂只生活在印度尼西亚的一座岛上。2012年，科学家在实地考察中发现了该物种。

名字：
加鲁达方头泥蜂

特点：
巨大的下颚，吃昆虫

拉丁学名：
Megalara garuda

体长：
20 ～ 35 毫米

加鲁达方头泥蜂幼虫和蜜蜂幼虫一样，不吃花粉和蜂蜜，而喜欢吃虫子。因此雌蜂会在蜂巢附近捕捉各种昆虫和蜘蛛，以此作为幼虫的食物。

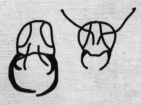

雌性加鲁达方头泥蜂的下颚不像雄性那么大。雌蜂只负责挖洞、筑巢，给幼蜂觅食。雄蜂则负责保护一家老小。

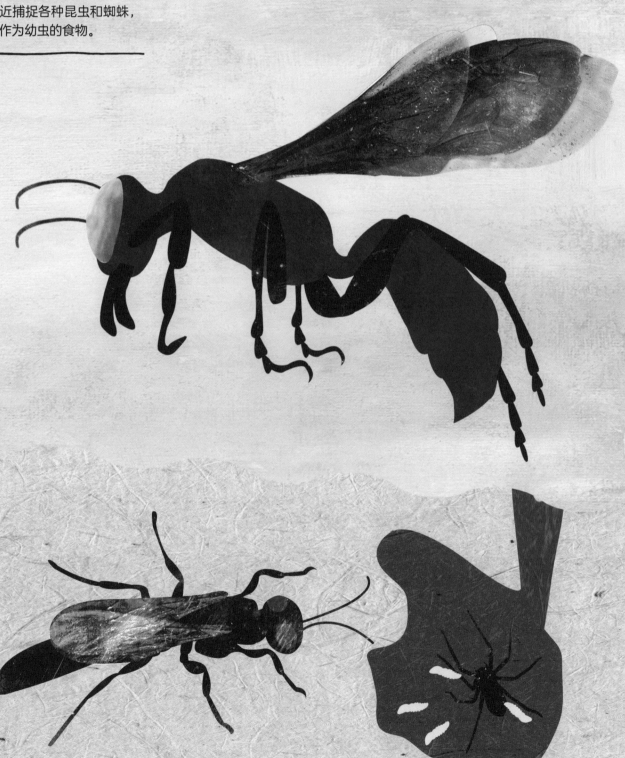

小小吐丝家：桑蚕

桑蚕其实是一种蛾子，就像其他蛾子一样，桑蚕也经历毛毛虫的阶段。桑蚕和其他蛾子最大的区别在于，它们是吃桑叶长大的。为了吃足够多的桑叶并长大成蛾，每只蚕宝宝都需要独自生活；为了避免外界的干扰，它们需要结茧。桑蚕蛹会在茧里待上三个星期左右，最后变成一只覆盖绵羊般绒毛，有两只触角，浑身雪白的美丽蚕蛾。不过对于人类来说，桑蚕最有价值的部分是变成蚕蛾之前结的茧。据考古发现，在几千年前中国就已经开始人工养殖桑蚕了。中国人很早就发现了蚕丝，并对其加工，使之成为除了棉花和羊毛外的另一种纺织原料。不过受到当时的交通水平限制，养殖桑蚕和制造蚕丝的技术难以传播到国外，因此在很长一段时间里，这些技术对于其他国家来说一直都是个秘密。随着时间的推移，中国和亚洲中部、西部及欧洲、非洲间逐渐形成了贸易通路，也就是历史上的丝绸之路。养殖桑蚕和制造蚕丝技术也就沿着丝绸之路，先后传到西亚、欧洲等地。今天，全球很多地区的人们，都在用人工的方式养蚕，并生产蚕丝。

春天，桑蚕宝宝从卵中孵化出来，这时的桑蚕宝宝浑身覆盖细密的体毛，通体黑色。它们很有食欲，会不停地吃桑叶，在接下来一段时间里，桑蚕宝宝先后蜕三四次皮，随后开始吐丝结茧，然后化蛹。随着不断长大，它们的身体也会逐渐由黑变白，并褪去细毛。

一只桑蚕宝宝长成蚕蛾需要 40 ~ 50 天。破茧而出的雌性蚕蛾却活不了太久，它们会在 1 周之内与雄性蚕蛾交尾、产卵，然后死去。

其他蛾子的幼虫也会结茧，不过它们的茧都没有桑蚕茧的丝细长、耐用、有光泽。将一个桑蚕茧中取得的蚕丝铺在地上连一起，有 600 ~ 1000 米长。

名字：
桑蚕

特点：
蚕茧中可获得蚕丝

拉丁学名：
Bombyx mori

体长：
4～6厘米

猜猜我是谁？

在大自然中已经很难找到野生桑蚕了。如今，人工养殖的桑蚕在丝织业中继续发挥着重要的作用。

成年的野生蚕蛾会在桑叶上产卵。蚕宝宝最爱吃桑叶，但是在没有桑叶时，也会吃蒲公英叶等。

风姿绰约的美人：红珠凤蝶

红珠凤蝶外观优美，双翅打开能到10厘米宽，黑色的翅上有红色的花纹，令人难以移开视线。红珠凤蝶的两个后翅上各有一个尖尖的突出部分，像小尾巴。红珠凤蝶的幼虫从一出生，就和成虫一样身上带有亮红色的花纹。出生后1个月内，幼虫会从4毫米大小一直长大到原来的10倍左右，最终变成一只成年红珠凤蝶。

红珠凤蝶的幼虫只能在马兜铃的叶片上栖息生长，因此雌蝶会在这种叶子上产卵。红珠凤蝶的幼虫一出生就是亮红色，很容易被鸟和爬行动物当作猎物。但红珠凤蝶日常进食的植物中有毒，使其在一生中都能在这些敌人面前保护自己。因为这种毒，会让想吃它们的鸟和爬行动物失去胃口，从而放弃吃掉它们的打算。

红珠凤蝶属于凤蝶科，凤蝶科里的蝴蝶后翅都多多少少有一段尾突，让人想起燕子的尾巴。

红珠凤蝶的幼虫以马兜铃叶子为食。这种叶子中的马兜铃酸有强烈致癌性和肾毒性。

名字：
红珠凤蝶

特点：
风姿绰约

拉丁学名：
Pachliopta aristolochiae

体长：
4～5厘米

红珠凤蝶妈妈在每一片马兜铃叶子上只产1颗卵,每次产6~8颗卵。

从卵中孵出来的红珠凤蝶幼虫会蜕多次皮,然后化蛹,最后挣脱蛹壳,蜕变成蝶。

红珠凤蝶喜欢在鲜花开放时翩翩起舞,从一朵花飞到另一朵花,用口器吮吸甘甜的花蜜。

会打洞的"鼹鼠蚱蜢"：欧洲巨蝼蛄

欧洲巨蝼蛄是生活在土里的一种直翅目昆虫。有人叫它"鼹鼠蚱蜢"，因为它能在地底下打出 10～20 厘米深的洞，然后在里面搭窝，把植物在地下的根一点点吃进肚子里，这种"爱好"也让它像鼹鼠一样对人类有害。欧洲巨蝼蛄接近圆柱形的体形特别适合在土壤中生活。它的四足比其他直翅目昆虫有力得多，而且由于没有弹跳的需要，也生得比较短小，前足粗壮发达，可以像推土机一样快速挖土。它的眼睛和翅比蚱蜢还小，毕竟大大的眼睛在伸手不见五指的土壤里没有什么用。

欧洲巨蝼蛄一般能活 2 年左右。第一年是打洞"学徒"，第二年就是打洞"大师"了。

欧洲巨蝼蛄并不是一口吃掉植物的整个根部，而是偷偷摸摸、一点一点对其进行损害。许多根部受损的植物会因此枯萎。

欧洲巨蝼蛄白天在地下活动，夜间就会跑到地面上来，它特别喜欢半夜在花园里散步。

名字：
欧洲巨蝼蛄

特点：
爱打洞

拉丁学名：
Gryllotalpa gryllotalpa

体长：
3 ~ 4.5 厘米

猜猜我是谁？

雌性欧洲巨蝼蛄通常腹部末端有一根小管子，用来产卵。但雄性腹部末端并没有这种管子。

欧洲巨蝼蛄全身呈黄褐色，表面覆盖了一层天鹅绒般的细毛。

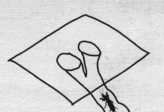

雄性欧洲巨蝼蛄在地下挖的洞穴的构造像双喇叭的扩音器，目的是将它的"歌声"放大。"歌声"会回荡在洞口，以此吸引异性的注意。所以欧洲巨蝼蛄也被人们认为是一种特别吵闹的昆虫。

欧洲巨蝼蛄的背部看上去特别宽厚，以至于它看上去好像在弓着背。

夜晚能自己发光：源氏萤

尽管名叫萤火虫，但萤火虫和火焰一点关系也没有。萤火虫的腹部末端有一个小"灯泡"，会发出亮光，在黑暗中带给人们喜悦。但这种光和电灯泡发出的光不同，它是萤火虫体内的一种物质转化为另一种物质时，释放出的能量。一种名为萤光素的物质是这一现象的成因。生活在日本的源氏萤成虫喜欢在漆黑的夜空中飞舞，它们的幼虫则喜欢生活在水中。在水中的萤火虫幼虫，以一些螺类为食。过一段时间，它们就会来到陆地上，钻进土中，休息一两周，然后化蛹，得到充分的休养和成长后，最终变成一只萤火虫，从土中钻出来，飞向空中，并发出明亮的光。源氏萤有暗红色的"衣领"和黑色的"披风"，飞行时看上去有点像一个超级英雄。

萤火虫的光不会常亮，而是像星星一样，一闪一闪的。不过，萤火虫闪光的规律和环境的温度有关，在燥热的夜晚，会闪烁得更加频繁，而稍微冷一点的天气里，频率就会变低。

6月

源氏萤通常在 6 月开始出没。到 6 月底为止，一只雌性源氏萤会陆续在水边产下 400 ～ 1000 颗卵。

名字：
源氏萤

特点：
会发光

拉丁学名：
Luciola cruciata

体长：
3 ～ 4 厘米

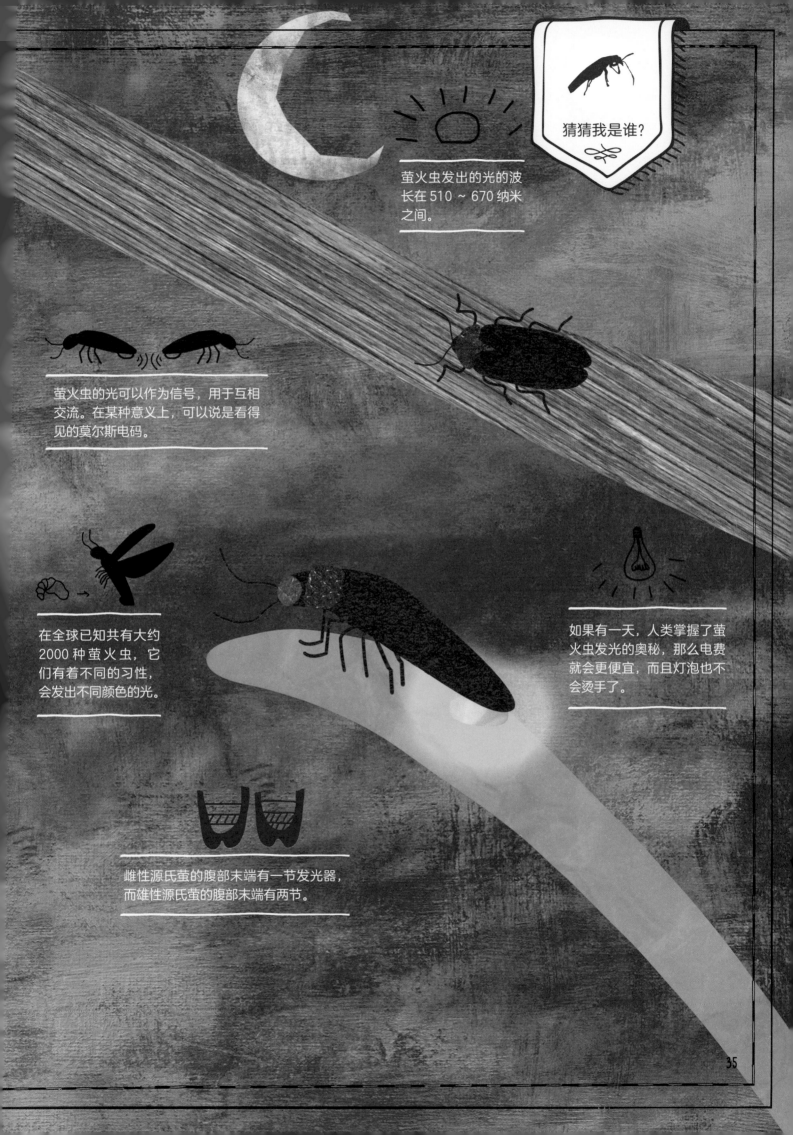

萤火虫发出的光的波长在 510 ～ 670 纳米之间。

萤火虫的光可以作为信号，用于互相交流。在某种意义上，可以说是看得见的莫尔斯电码。

在全球已知共有大约 2000 种萤火虫，它们有着不同的习性，会发出不同颜色的光。

如果有一天，人类掌握了萤火虫发光的奥秘，那么电费就会更便宜，而且灯泡也不会烫手了。

雌性源氏萤的腹部末端有一节发光器，而雄性源氏萤的腹部末端有两节。

叶子的破坏者：苹果蚜

蚜虫是一种很小的虫子，体形乍一看有点像灯泡或者杏仁。就像蚂蚁一样，有的蚜虫有翅，有的蚜虫没有翅，但大部分蚜虫都是没有翅的。它的头上长有两只触角，好似琴弦，而腹部末端还有两根汽车排气管似的突起。这些管子并不会向外排出尾气，而是会分泌某种蜡状物质，包裹并保护自己，这些管子还可以排出含糖分的小液滴。别看蚜虫个头小，它却能损害多种果树。它的口器像蚊子一样尖，和蚊子不同的是，蚊子吸血而蚜虫吸食植物的汁液。顾名思义，苹果蚜特别喜欢吸食苹果树的汁液。它们不会单枪匹马地战斗，而是数千只蚜虫组成一支大部队，向一棵苹果树发起攻击。它们把树叶的汁液吸干后，树叶由于缺水而卷起来，最后干枯凋落。苹果树本身也会因为水分不足，果实产量大幅减少甚至不结果。

蚜虫体形小，重量轻，有时风会把它们刮到空中。一阵狂风可以把一只蚜虫吹到数千米外的另一棵树上去。

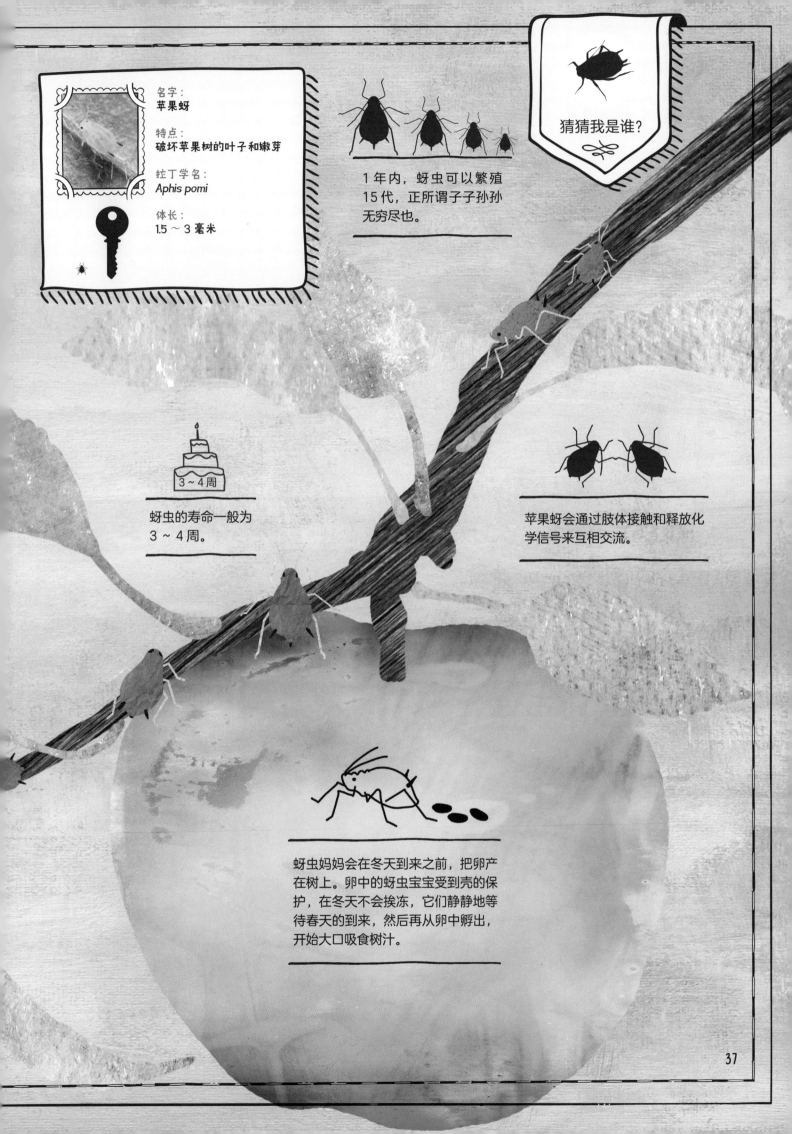

名字：
苹果蚜

特点：
破坏苹果树的叶子和嫩芽

拉丁学名：
Aphis pomi

体长：
1.5 ～ 3 毫米

1 年内，蚜虫可以繁殖 15 代，正所谓子子孙孙无穷尽也。

猜猜我是谁？

3 ～ 4 周

蚜虫的寿命一般为 3 ～ 4 周。

苹果蚜会通过肢体接触和释放化学信号来互相交流。

蚜虫妈妈会在冬天到来之前，把卵产在树上。卵中的蚜虫宝宝受到壳的保护，在冬天不会挨冻，它们静静地等待春天的到来，然后再从卵中孵出，开始大口吸食树汁。

很好胜也很爱拗造型：突眼蝇

把突眼蝇称作"蝇"，恐怕会对其他蝇不公平。但到目前为止，并没有证据证明它不属于蝇类，因为它和其他蝇一样，只有一对翅。但突眼蝇又和它的"亲戚"们不同，它的头部向左右各伸出一根长长的柄，眼睛长在柄的顶端，"突眼蝇"的名字也因此而来。但它并不是从一出生就是这副模样，而是凭本事变成这样的。对于雌性来说，雄性眼柄越长，就越有魅力。

雄性突眼蝇知道吸引雌性交配的重要性。雄性突眼蝇刚刚羽化，身体尚柔软之际，就开始塑造体形。它猛吸一些空气，在体内将这些空气泵入柔软的头部，再挤向顶部左右两端的管道，形成眼柄。这时，它的两只前足也不闲着，趁机塑造头部的形状。当然了，它们努力地拗造型，并不是为了成为模特，而是因为谁的眼柄越突出，就对异性越有吸引力。

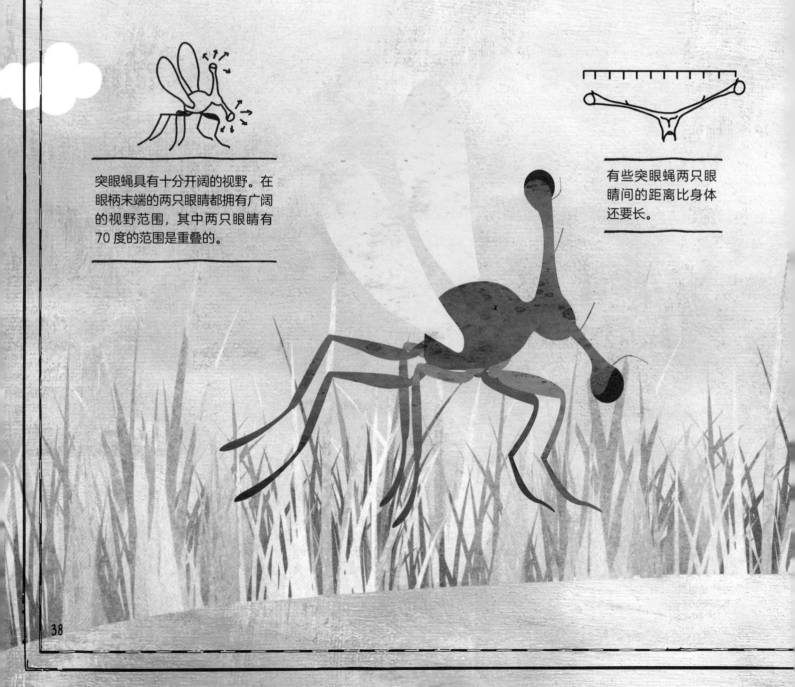

突眼蝇具有十分开阔的视野。在眼柄末端的两只眼睛都拥有广阔的视野范围，其中两只眼睛有70度的范围是重叠的。

有些突眼蝇两只眼睛间的距离比身体还要长。

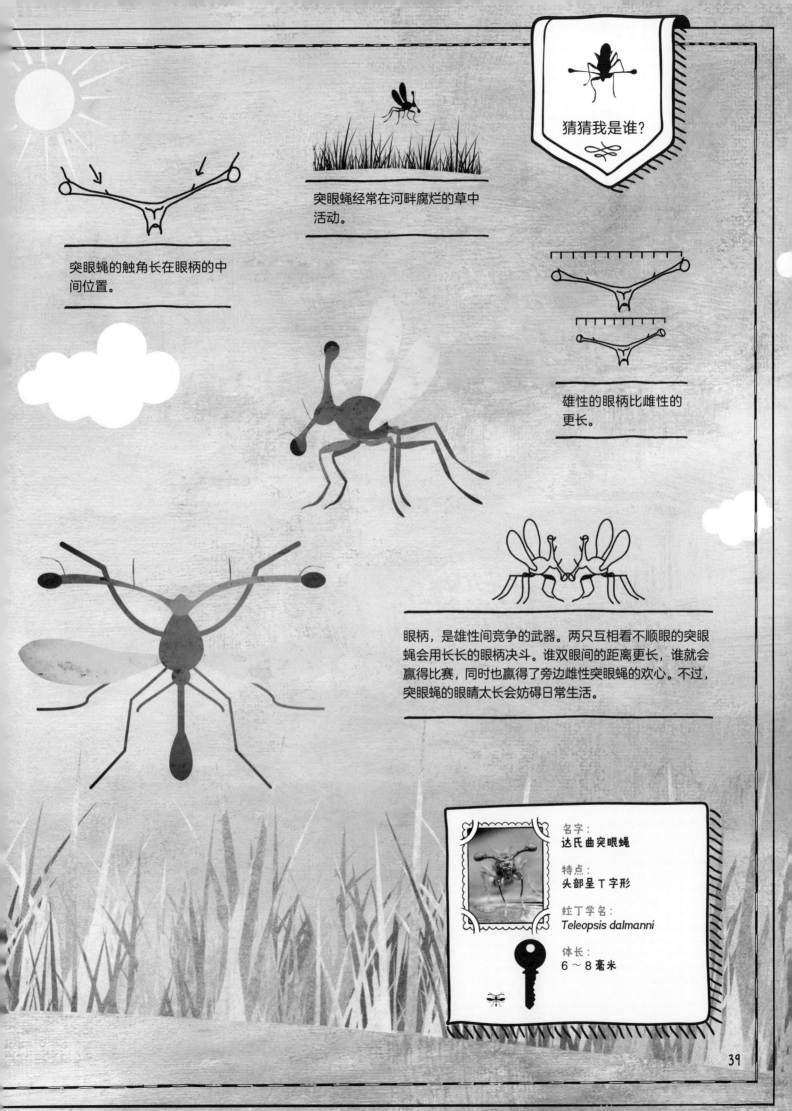

突眼蝇的触角长在眼柄的中间位置。

突眼蝇经常在河畔腐烂的草中活动。

雄性的眼柄比雌性的更长。

眼柄, 是雄性间竞争的武器。两只互相看不顺眼的突眼蝇会用长长的眼柄决斗。谁双眼间的距离更长, 谁就会赢得比赛, 同时也赢得了旁边雌性突眼蝇的欢心。不过, 突眼蝇的眼睛太长会妨碍日常生活。

名字:
达氏曲突眼蝇

特点:
头部呈 T 字形

拉丁学名:
Teleopsis dalmanni

体长:
6 ～ 8 毫米

疯狂的飞行员: 巨卡玛蜻

蜻蜓的胸部左右两侧各有两只翅，两对翅虽是透明的，却布满了纹路。你可别被它纤弱的外表给骗了，它可以借助这两对翅高速飞行，人们甚至把它称为"疯狂的飞行员"。蜻蜓的飞行速度极快，你还没读完这句话，它就已经扇动几十次翅，飞出7米远了。它的飞行时速可达40千米。不仅如此，

它还可以像直升机一样悬停在空中，或者突然加速，朝上下左右冲刺。巨卡玛蜻的翅上有艳丽的红色，身长5～6厘米。巨卡玛蜻喜欢生活在森林及湖边。但它不喜欢在太显眼的地方出没，只有在觅食的时候或者为了炫耀才会飞来飞去，平时则喜欢静静地停在一朵花上，舒展自己的翅。

蜻蜓的眼睛很大，占据了头部的绝大部分。一只眼睛由成千上万只小眼睛组成。这让蜻蜓除了身后，其他所有方向上的动静都能同时观察到。

名字:
巨卡玛蜻

特点:
飞得很快，能把猎物撞晕

拉丁学名:
Camacinia gigantea

体长:
5～6厘米

蜻蜓高超的飞行技术和飞行时发出的响声，十分像直升机。

蜻蜓一般选择在晴天活动。

巨卡玛蜻是优秀的猎手，它会以极快的速度撞击猎物，而它的猎物往往飞行速度较慢，被撞击后晃晃悠悠的，巨卡玛蜻趁这个时机，抓住猎物，开始大口享受美味。

巨卡玛蜻在水面上产卵。它一般在湖边和小溪边飞行。

神秘又害羞：利叶翡螽

螽斯一对长长的触角特别显眼。但想从草丛中发现它们并不简单，因为它们个个都是伪装大师——全身草绿色，翅又是叶片的形状，所以当螽斯一动不动趴在草丛里时，我们几乎不可能将它们辨认出来。然而雄性螽斯发出的"唧唧"的叫声会暴露位置。利叶翡螽则是一种不会叫的螽斯。和其他螽斯一样，利叶翡螽也十分善于隐藏在绿叶丛中。利叶翡螽只能在斯里兰卡见到，就算是周边国家也见不到它们的踪影。不过，这也可能是由于利叶翡螽不会鸣叫，伪装得好，没有被那里的人们发现。利叶翡螽会在靠近地面的浓密的草丛中跳来跳去，喜欢茂密的树林，以植物为食。

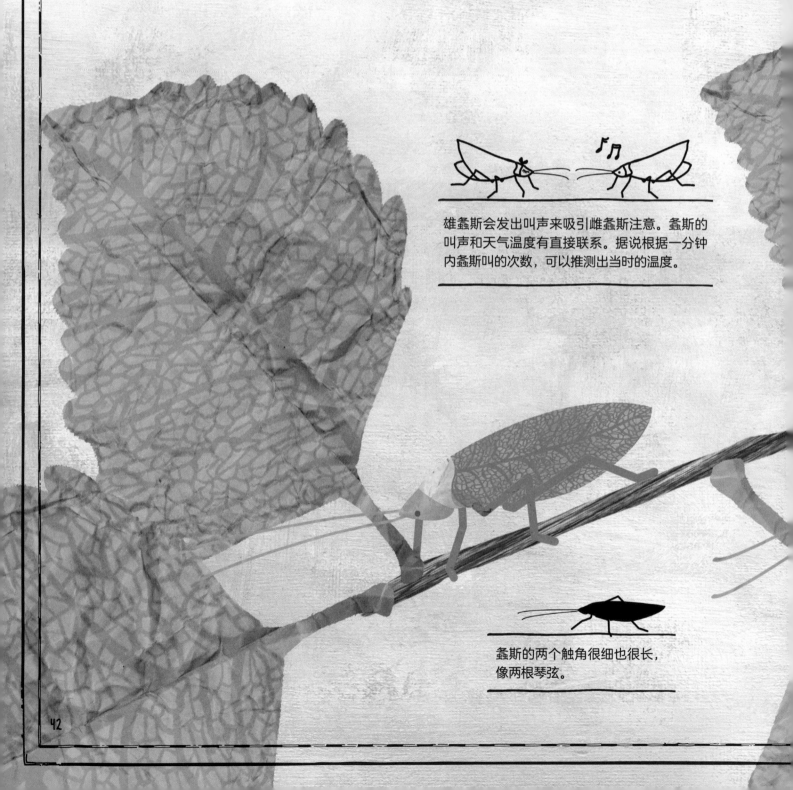

雄螽斯会发出叫声来吸引雌螽斯注意。螽斯的叫声和天气温度有直接联系。据说根据一分钟内螽斯叫的次数，可以推测出当时的温度。

螽斯的两个触角很细也很长，像两根琴弦。

名字：
利叶翡螽

特点：
不会鸣叫，伪装大师

拉丁学名：
Temnophylloides astridula

体长：
3～4厘米

猜猜我是谁？

利叶翡螽的翅比身体还长，像一件巨大的披风，罩着它的身子。

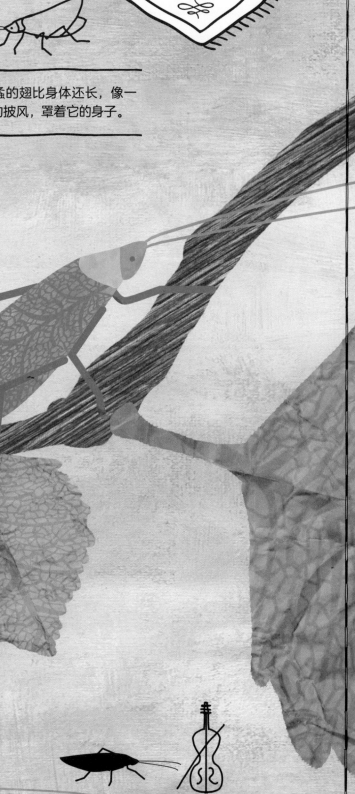

螽斯的发声器位于左前翅的后部，依靠左右前翅的摩擦来产生类似小提琴的声音。不过利叶翡螽并没有这一发音器，因此不会鸣叫。

好斗的摔跤手：红鹿细身赤锹

红鹿细身赤锹以雄性头上长长的角而出名。这角其实是它的上颚，因为看上去像雄鹿的角，因此得名红鹿细身赤锹。红鹿细身赤锹的角并不用来攻击猎物，而是用来摔跤的。到了筑巢成家的季节，雄性和雌性红鹿细身赤锹就会逐渐聚集到森林里。雌虫会站在一棵树比较高的位置上，和最先冲到跟前的雄虫一起生活，因此雄性红鹿细身赤锹不仅要爬得快，还要用上颚，也就是它的"角"去阻碍其他竞争者的前进。因此一只雄虫在路上就会迎击其他对手。大树的枝干成了赛场，雄性红鹿细身赤锹们互相用长长的"角"缠斗在一起，试图把竞争对手推下去。这场摔跤比赛中，在树干上坚持到最后而不被推下去的选手将成为胜利者。但通常情况下，一只雄性红鹿细身赤锹的对手可不止一个，树上的其他雄性红鹿细身赤锹也是它的对手。最终爬到雌虫身边的雄虫，将和雌虫一起繁衍后代。

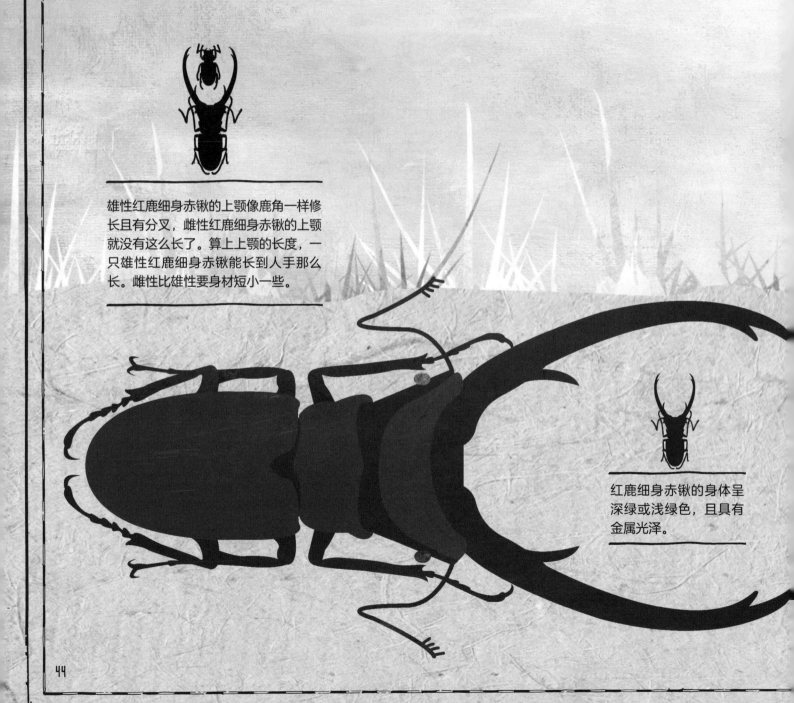

雄性红鹿细身赤锹的上颚像鹿角一样修长且有分叉，雌性红鹿细身赤锹的上颚就没有这么长了。算上上颚的长度，一只雄性红鹿细身赤锹能长到人手那么长。雌性比雄性要身材短小一些。

红鹿细身赤锹的身体呈深绿或浅绿色，且具有金属光泽。

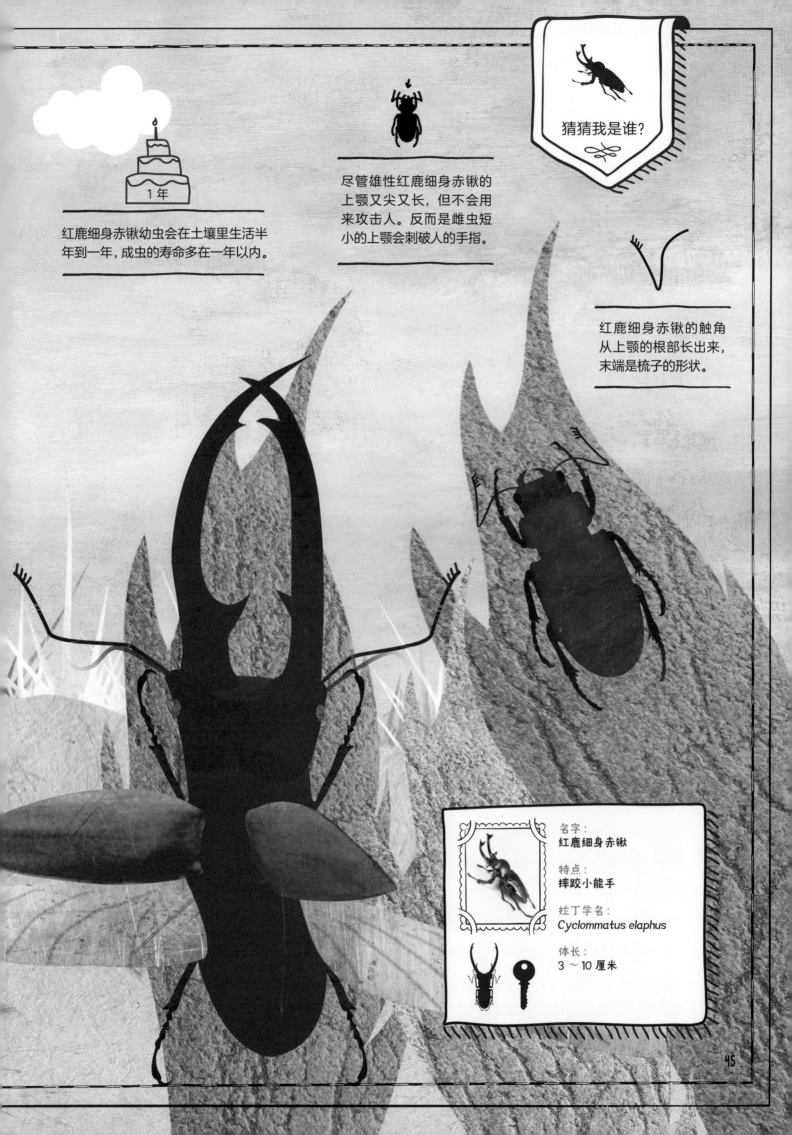

1 年

红鹿细身赤锹幼虫会在土壤里生活半年到一年，成虫的寿命多在一年以内。

尽管雄性红鹿细身赤锹的上颚又尖又长，但不会用来攻击人。反而是雌虫短小的上颚会刺破人的手指。

猜猜我是谁？

红鹿细身赤锹的触角从上颚的根部长出来，末端是梳子的形状。

名字：
红鹿细身赤锹

特点：
摔跤小能手

拉丁学名：
Cyclommatus elaphus

体长：
3 ～ 10 厘米

穿着金属光泽的彩虹衣：桃金吉丁

桃金吉丁的外表带有金属光泽，十分瞩目。身体十分坚硬，这是因为覆盖全身的鞘翅十分结实。这对翅像外壳一样保护着身体，桃金吉丁光鲜的外表也主要来自这一对翅上的美丽纵纹。这层保护壳底下长着一对用来飞行的膜翅。桃金吉丁头部有一对触角。

桃金吉丁的鞘翅，以金属光泽的绿色为主，其间还分布着蓝色、红色纵纹。成年桃金吉丁生活在花丛和草丛中，幼虫则在植物的树干挖洞，生活在洞里。幼虫没有足，小小的身子上长着一个大大的头部。它一般在已经枯死或正在枯死的树里挖洞，不会对正常生长的树下毒手。

日本人把桃金吉丁称作"玉虫"。桃金吉丁背上的不同区域有不同的颜色，因此日本人把说花言巧语、言不可信的政客称为"玉虫"，用来形容他们老奸巨猾。

名字：
桃金吉丁

特点：
身穿彩虹衣

拉丁学名：
Chrysochroa fulgidissima

体长：
3～4厘米

桃金吉丁幼虫在树干上挖洞，并在洞里逐渐长大，它们的头部比身子还大，因此它们必须挖特别宽的洞，以方便行动。

日本古代神龛"玉虫厨子"的外部就使用了桃金吉丁亮丽的鞘翅作为装饰。

桃金吉丁幼虫会在树洞里生活1~2年，直到成年。

桃金吉丁的鞘翅特别坚硬，不易损坏。

翅上带"眼睛"的蝴蝶：孔雀蛱蝶

孔雀蛱蝶的翅上有许多眼睛形状的美丽斑纹，看上去有点像孔雀的尾屏上的眼纹，因此得名孔雀蛱蝶。孔雀蛱蝶前翅的两个眼纹和后翅的两个眼纹颜色不同，但都有多个颜色组成，而且非常艳丽，当孔雀蛱蝶张开翅时，仿佛在用多种不同颜色的眼睛看着你。在受到惊吓，

比如一些鸟想吃掉它而扑上来时，它就会完全张开翅，露出这些大大小小的"眼睛"，把鸟儿给吓得愣在原地，从而赢得逃脱的时间。孔雀蛱蝶的翅正面有红色、黑色、蓝色等多种颜色，非常鲜艳，反面则是黑褐色的，因此，孔雀蛱蝶在合上翅时看上去又是另一副样子。

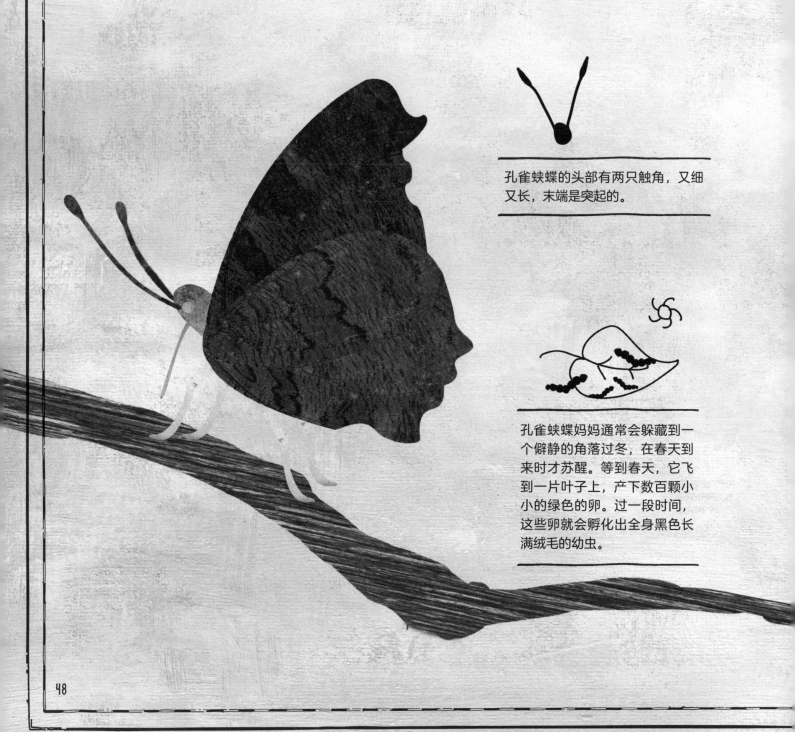

孔雀蛱蝶的头部有两只触角，又细又长，末端是突起的。

孔雀蛱蝶妈妈通常会躲藏到一个僻静的角落过冬，在春天到来时才苏醒。等到春天，它飞到一片叶子上，产下数百颗小小的绿色的卵。过一段时间，这些卵就会孵化出全身黑色长满绒毛的幼虫。

名字：
孔雀蛱蝶

特点：
翅上有眼睛形状的眼纹

拉丁学名：
Inachis io

体长：
4～5 厘米

成年孔雀蛱蝶以花蜜为食，幼虫以绿叶为食。

猜猜我是谁？

孔雀蛱蝶喜欢在树林活动，特别是树林周边的野生薄荷丛和荨麻丛中。

爱家恋家，很有魅力：卡奇卡尔露螽

卡奇卡尔露螽只生活在土耳其卡奇卡尔山的山间草原上。因为翅太短小，无法飞翔，连爬也爬不出很远，因此只好一直生活在这片草原上，也因此被认为是特别恋家的螽斯。雄性卡奇卡尔露螽有粉色的"面庞"和腹部，红色的尾钳和黄色的翅，加上黑色的脊背，整个身子显得五彩缤纷，富有魅力。雌性卡奇卡尔露螽则以黄黑色为主，色调更简单。凡是螽斯，都长着纤细的琴弦状触角，非常好辨认。雄性卡奇卡尔露螽的腹部末端像一个小钳子，雌性的则像一根弯曲的棍子，向身体后上方突起，这其实是它的产卵管。得益于产卵管微微弯曲的形状，雌性卡奇卡尔露螽可以将卵产在植物较为隐蔽的叶子或其他部位上，这样一来，刚出生的幼虫就可以免受天敌干扰，无忧无虑地长大。

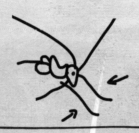

卡奇卡尔露螽的"耳朵"长在前足上。尽管功能似耳朵，但它和人的耳朵可不太一样，称为听器。卡奇卡尔露螽的听器，由一个传声的洞和洞里面的一小块鼓膜构成。

名字：
卡奇卡尔露螽

特点：
爱家恋家，很有魅力

拉丁学名：
Phonochorion uvarovi

体长：
2～4厘米

猜猜我是谁？

螽斯头上的"天线"——触角往往比它的身体还要长。

实际上，土耳其的科学家认为卡奇卡尔露螽可能是外来物种。人们推测地球进入某个冰河时期时，这种螽斯来到相对温暖的小亚细亚地区，随后喜欢上了卡奇卡尔山区的绝美风景和适宜生存的气候，从而选择留在了此地。

一般的雄螽斯为了吸引异性，会用左右前翅相互摩擦来发出小提琴般的声响。卡奇卡尔露螽则会摩擦位于前胸后方的小小黄色翅来发声。

勤劳的舞者：蜜蜂

　　小天使，嗡嗡嗡，飞到西来飞到东，又采花粉又采蜜，人人夸它爱劳动。没错，说的就是蜜蜂。蜜蜂给我们人类带来甜甜的蜂蜜，是世界上最可爱、最勤劳的昆虫之一。西方蜜蜂是会酿蜜的七种蜜蜂之一。西方蜜蜂最特别的一点是，它是养蜂业中被饲养最广泛的蜜蜂。尽管也有野生的西方蜜蜂，但大多数生活在养蜂人布置的蜂箱里。全世界几百万个蜂巢里，生活着不计其数只蜜蜂……

　　这些蜜蜂酿出的蜂蜜，和巧克力一样都是世界上最受欢迎的食品之一。蜜蜂酿蜜时不知疲倦，会勤勤恳恳地一直工作……每个蜂巢里有数万只蜜蜂一起生活。在这个集体社会，大家各司其职，每只蜜蜂都认真完成自己的任务。蜂后负责繁殖，工蜂负责工作。蜂后的体内会散发出一种芳香气味。闻到这一气味的工蜂会成为蜂巢忠诚的"仆人"，它们只服务于自己居住的蜂巢和蜂后。

工蜂无法繁育后代。蜂后是蜂巢中所有蜜蜂的母亲。某些情况下，蜂后会在一天里在巢中产下一到两千颗卵。

每个蜂巢中，有 3 万到 6 万只工蜂，但并不是所有的工蜂一起出门采蜜。一部分工蜂会留在蜂巢里，酿制蜂蜜；还有一部分工蜂则会承担起照顾幼虫等其他工作。

蜜蜂会把花粉裹成球形，搁在后足上；花蜜则用长长的食物管吸进蜜囊里，带回蜂巢。

蜜蜂爱吃素。不论是成年还是幼年蜜蜂都主要以花粉和花蜜为食。

回到蜂巢里的蜜蜂，会把蜜囊里装的花蜜交给巢内留守的工蜂。此时的花蜜混合了蜜囊里一些其他物质，再等待一段时间，花蜜就酿成蜂蜜啦。

出门采蜜的蜜蜂会在蜂巢附近一会儿往东一会儿往西地按照"8"字形的轨迹飞舞，这是它们之间互相交流的方式。通过这种方式，它们告诉同伴哪个方向有花蜜，这被称作蜜蜂舞。

名字：
西方蜜蜂

特点：
勤劳，爱跳舞

拉丁学名：
Apis mellifera

体长：
9～12毫米

冷血杀手：螳螂

挥动着两个大刀、滑稽的走路姿势、突出的双眼 —— 没错，这是一只螳螂。螳螂有三角形的头部、纤细的身子，以及双眼间一对天线似的触角，这些都是它显著的标志。身体多为绿色，前足内侧有一个黑色斑点。它的"脖颈"很长，一对翅不常使用。螳螂不会像蚱蜢一样蹦来蹦去的，它更喜欢在地上踱步，那副样子别有一番魅力。螳螂是天生的猎人，以其他昆虫为食，比如蛾子、蚱蜢和蝇等。在捕猎的过程中，螳螂会用前足上的倒刺夹住猎物，不给猎物逃脱的机会。正一动不动地发着呆的昆虫，不一会儿已经是螳螂的盘中餐了。

雌螳螂都十分凶猛，雄螳螂简直甘拜下风。它们交配后，雌螳螂像平日里抓苍蝇一样抓住丈夫，吃进肚子里，作为当天的晚餐。

螳螂在休息时，会把前足举在胸前，看上去一副正在祈祷的样子，十分惹人喜爱。人们又想到它会捕食害虫，就更加喜欢螳螂了。

名字：
薄翅螳螂

特点：
挥动着大刀，三角形的头部

拉丁学名：
Mantis religiosa

体长：
5～8 厘米

猜猜我是谁？

螳螂有两只复眼，向左右两边突出，因此视力极好。

螳螂的头部几乎可以转动180度，以便于四处搜寻猎物。

螳螂经常藏在树丛中，和四周草木的绿色浑然一体，很难被一下子发现。

螳螂的反应极快，不仅能从天敌眼皮底下轻松逃走，还能轻松追上猎物！

55

一脸无辜的小偷：大蜂虻

大蜂虻全身被绒毛覆盖，飞行时发出"嗡嗡嗡"的响声，让人误以为是胡蜂。但胡蜂有两对翅，大蜂虻只有一对翅。如果不仔细看，你可能不会发现它那短小的触角。它有一根长长的口器，这点和其他昆虫都不同。大蜂虻把这根口器当作"吸管"使用，可以快速吸走藏在花里的甘甜花蜜。大蜂虻对蜜蜂的动作姿态模仿得惟妙惟肖，不仅人类有时会分不清，就连蜜蜂也会搞错。因此大蜂虻妈妈可以偷偷钻进其他蜜蜂的巢中而不被识破。大蜂虻妈妈不是为了偷吃花蜜和花粉，而是要把卵产在蜂巢中。大蜂虻宝宝出生后会把蜜蜂宝宝吃掉，获得营养，慢慢长大。蜜蜂就这样毫不知情地养活了仇人的孩子。人们常说，"养虎为患"，大蜂虻和蜜蜂的故事也是这个道理。

成年大蜂虻是素食主义者，只吸食花蜜，幼年大蜂虻则以蜜蜂的幼虫和卵为食。

名字：
大蜂虻

特点：
假装成蜜蜂，偷偷占领蜂巢

拉丁学名：
Bombylius major

体长：
7 ～ 13 毫米

大蜂虻像蜂鸟一样，采蜜时不会降落在花朵上，而是高速振动翅，一边悬停在空中一边吮吸花蜜，并不断调整位置。有时即使停在了花朵上，翅也会习惯性地不停振动。

大蜂虻在春天活动最频繁。从三月到五月，它们嗡嗡嗡地围绕着鲜花打转，还会抢占蜜蜂的巢。

大蜂虻在花丛中穿行时，身上会沾满花粉，这可以帮助植物传粉并结果。

街角的音乐家：田蟋蟀

春天走了，夏天来了，天气一天天炎热起来。夜晚的院子中、公园里都会响起熟悉而清脆的叫声："吱吱吱！"原来是雄田蟋蟀哼起了歌。雄田蟋蟀这是在求偶，同时也是向其他雄田蟋蟀宣告：这块是我的地盘。

田蟋蟀浑身黑黝黝的，有的田蟋蟀翅和背部略带黄色的花纹。脖颈很粗，上面连着一个大大的头，头上有一对芝麻大小的眼睛和鞭子一样的触角。这对触角比田蟋蟀本身还要长。

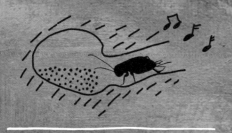

挖洞筑穴的工作是由雄田蟋蟀负责的。雌田蟋蟀则毫不关心，只顾着在外面玩耍。雄田蟋蟀在土中挖出洞，建好房子，一切准备妥当后，来到洞口，开始唱歌吸引雌性。

只有雄田蟋蟀会唱歌。

田蟋蟀的歌声在 100 米开外都能听到，特别响亮。

名字：
田蟋蟀

特点：
爱唱歌，大自然的温度计

拉丁学名：
Gryllus campestris

体长：
15 ~ 25 毫米

猜猜我是谁？

田蟋蟀并不是用口器唱歌。事实上，田蟋蟀是依靠前后翅的相互摩擦而发出"唧唧"的声音。

田蟋蟀吃素，一般喜欢吃嫩草叶。

雌田蟋蟀腹部末端中间和两侧都有长长的管子伸出体外。两侧的两个小管子其实是两条尾须，中间的是输卵管；雄田蟋蟀只有尾须。

在气温达到13℃以上时，田蟋蟀就会开始鸣叫。气温越高，它叫得就越急促。所以我们可以把田蟋蟀看作是一个"唧唧叫的温度计"。

59

会翻跟头的杂技演员：叩甲

乍一看叩甲，你可能会误以为它是一颗长了腿的瓜子。因为叩甲的身体又窄又长，身体的线条在腹部末端收紧。外表一般是黑色或棕色的，覆盖在背上的坚硬外壳是它的前翅。这一对前翅并不用来飞行，而是像一对盾牌一样，保护底下的躯体。后翅就藏在下面，在必要时能带动叩甲起飞。叩甲有一个特殊的本领——翻跟斗，它的前胸腹板中部向后形成一个突起，这一突起的结构可以插进中胸腹板的凹槽中。仰卧时，它前胸会撞向地面，利用反弹力就可以翻出跟斗。它翻跟斗的同时还会发出"嗒嗒"的响声。不过叩甲在平时可翻不出跟斗来，它只有在四脚朝天、翻不过身时，才会被迫翻跟斗逃生，因为这样就可以翻回肚子朝下的正常姿态了。

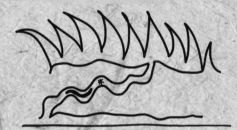

叩甲幼虫也被称作金针虫。这种虫子会在土壤里植物的根上蛀出孔洞，对植物造成危害。

名字：
黑塞齿胸叩甲

特点：
会翻跟斗

拉丁学名：
Athous hercegovinensis

体长：
8～9毫米

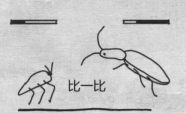

比一比

科学家于 1972 年做了一项实验，对比了叩甲和跳蚤的跳跃能力，发现叩甲的跳跃速度比跳蚤还要快。

20 ~ 30 厘米

叩甲每次翻跟斗能翻 20 ~ 30 厘米高，它此时受到的力相当于重力的 380 倍。

叩甲会在夜间活动，喜欢亮光。因此叩甲会围着阳台上的灯光，以及街上的路灯飞舞。

叩甲翻跟斗的动作是为了让它恢复正常姿态，也是为了更快地从敌人眼前逃脱。因为叩甲翻跟斗的场景会把捕食者吓得目瞪口呆，它就可以趁机逃之天天。

池塘中的溜冰者：湖鼋蝽

　　湖鼋蝽常常栖息在平静的水面上，不会掉进水里。它全身咖啡色，身体纤细，头部小而眼睛大，双眼间有两根长长的触角，足细如针，身体消瘦，好似水面上漂浮的一只蜘蛛。但等它在水上滑行时，你就会知道它为什么被叫作"池塘中的溜冰者"了。它是如此习惯在水面上滑行，以至于上岸时居然有些不会走路了。湖鼋蝽之所以能够在水面上轻松地活动，是因为它特殊的身体构造。其中之一是湖鼋蝽足部被一种独特的毛所覆盖，这种毛能防止足部陷入水中。足部的许多毛也能当作感受器，感受水面上任何细微的颤动，从而发现四周意外落水的昆虫，然后去捕食。和其他同类相比，湖鼋蝽的前足较为短小，在捕猎的过程中才能真正发挥作用，轻松灵活地抓住猎物。而相对较长的中足则当作船桨推动身体前进，后足则像船舵一样控制方向。借助足，湖鼋蝽就可以在水上灵活敏捷地四处滑动。

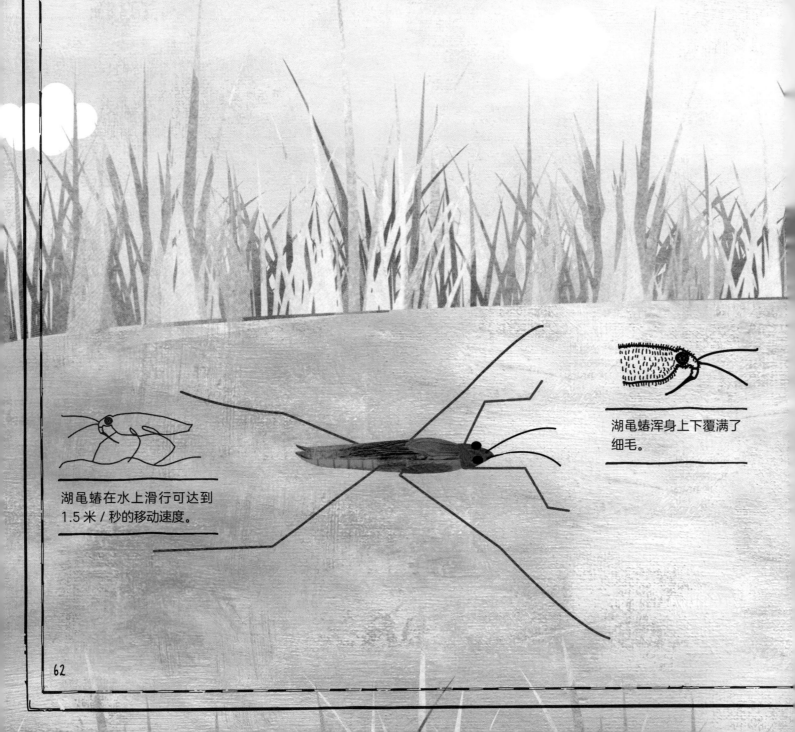

湖鼋蝽在水上滑行可达到
1.5 米／秒的移动速度。

湖鼋蝽浑身上下覆满了
细毛。

湖黾蝽春天开始活动，一直到秋天都能在水面上看见它的踪影。

湖黾蝽的口器呈吸管状，既可以方便吸食猎物的体液，也可以分泌出油性物质，并涂抹在四肢上，以保持在水面上的浮力。

猜猜我是谁？

湖黾蝽能在水上漂浮的关键，是其足部细毛上的油脂层。油会浮在水面上，于是湖黾蝽也能借此浮在水面上。

湖黾蝽吃所有比它小的昆虫。但最关键的一点是，这些昆虫要先掉落在水上，湖黾蝽才有机会吃到。

名字：
湖黾蝽

特点：
能在水上行走

拉丁学名：
Gerris lacustris

体长：
8～10 毫米

雄性是时尚的绅士：普蝎蛉

普蝎蛉因有蝎子似的尾部而得名。雄性普蝎蛉的尾部像蝎尾一样微微向上抬起，且末端有一个小钳子。看上去有点恐怖，但其实你不用怕，因为和蝎尾不同，普蝎蛉钳状的尾部并没有毒针。雌性普蝎蛉的尾部相对较平缓。

普蝎蛉的头部很像鸟的喙，十分突出，末端尖尖的钩子就是它的口器。眼睛长在头两侧，正前方有两根触角，身上有黑黄相间的纹路，尾部是红褐色的，足部的颜色较浅。和蝴蝶一样，普蝎蛉的翅也和身体不成比例，显得异常庞大，且布满黑色花纹。

不论是幼年还是成年普蝎蛉，都以死去的动物，尤其是死去的昆虫为食。比如挂在蜘蛛网上的苍蝇尸体，就是普蝎蛉的丰盛晚餐。

名字：
普蝎蛉

特点：
蝎子似的尾巴，雄性很绅士

拉丁学名：
Panorpa vulgaris

体长：
10 ～ 12 毫米

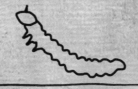

从外表来看，普蝎蛉幼虫像极了蝴蝶幼虫。只不过普蝎蛉幼虫的头部形状更明显，身体也更瘦弱。

雄性普蝎蛉非常绅士，会给即将一起生活的雌性普蝎蛉送礼物，讨另一半开心。

普蝎蛉外形与蚊子相似，但属于另一种类群。因为蚊子有两只翅，而普蝎蛉有四只翅。

身上披着小彩虹：法国步甲

　　法国步甲是鞘翅目步甲科的一员。步甲科的昆虫都有一个共同特点：喜欢在地上悄无声息地爬行，而不喜欢飞行。但在面临危险时，其敏捷灵活的身手也可以让它迅速逃生。步甲科众多种类中，拥有最醒目外表的，非法国步甲莫属。

　　因为法国步甲有一对流光溢彩的鞘翅。如果你朝它的鞘翅看去，会看见泛着金属色泽的橙、绿、红三色交汇在一起，十分迷人。它的"肩"部和头部也带着亮闪闪的蓝色。法国步甲就好像身上披了一道彩虹，每天在树丛中大摇大摆地转悠。

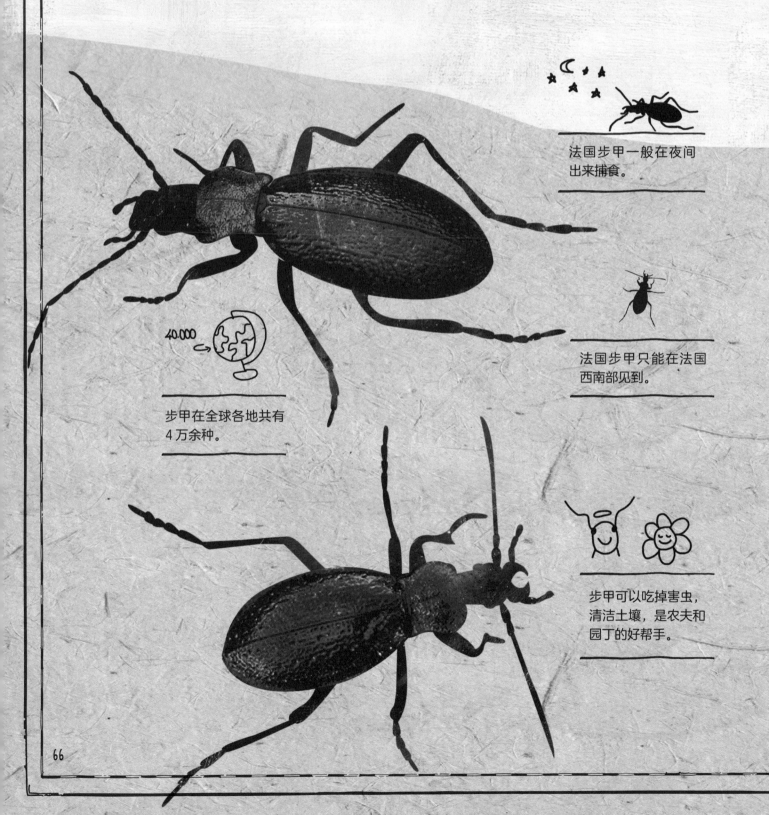

法国步甲一般在夜间出来捕食。

步甲在全球各地共有4万余种。

法国步甲只能在法国西南部见到。

步甲可以吃掉害虫，清洁土壤，是农夫和园丁的好帮手。

猜猜我是谁？

法国步甲是在一个名叫伊斯帕尼亚克（法语：Ispagnac）的地方首次被发现的。因为这个地名在法语中的发音很像西班牙（Espagne），人们干脆给予它拉丁学名"*Carabus hispanus*"——正是"西班牙步甲"的意思。

法国步甲生活在林子里，喜欢待在苔藓覆盖的地方和背风坡。

步甲非常善于捕猎。蜗牛、蚯蚓、毛毛虫等都是它爱吃的"菜"。

法国步甲背上鲜艳的彩虹色是由于光产生折射而形成的，是大自然的杰作。

名字：
法国步甲

特点：
甲壳泛着漂亮的金属光泽

拉丁学名：
Carabus hispanus

体长：
25 ～ 35 毫米

农民的好帮手：七星瓢虫

瓢虫背面有呈半球形的拱起，背上有鲜艳的花纹，显得可爱而精致，好似一只特别特别小的乌龟。前翅坚硬，罩住整个背部，起保护作用，不同种类翅上有不同颜色的花纹。七星瓢虫是瓢虫的一种，其鲜红色的外壳上有七个小黑点，头部和"肩"部还有几个小白点。七星瓢虫的幼虫身体大都是黑色的，带有橙色的斑点。七星瓢虫和它们的幼虫喜欢吃农作物叶子上的蚜虫——果实和花朵最大的天敌之一，深受人们的喜爱。蚜虫的危害被瓢虫给消除了，这帮了农民的大忙。另外，由于不用洒农药了，瓢虫也为保护自然贡献了一份力量。

你可以把一只瓢虫放在手上，只要稍稍抬高你的手，瓢虫就会误以为自己在空中飞行，使劲地振动翅。这时，你可以说一句玩笑话："飞呀飞呀小瓢虫，我妈过来打你啦。"

名字：
七星瓢虫

特点：
农民的好帮手

拉丁学名：
Coccinella septempunctata

体长：
5～6毫米

瓢虫一般以前翅的颜色和上面的斑点数来命名。比如七星瓢虫前翅有七个小黑点，因此它的拉丁学名中的"septempunctata"也是"七个点"的意思。

尽管瓢虫飞行技术很高超，但在受到惊吓时，由于身体笨重，无法一下子起飞，这时它会紧缩足部，直接倒地装死。

猜猜我是谁？

虽然大多数时候，瓢虫都是在香气袭人的玫瑰花和其他花朵上爬行，但它还是会时不时露出外壳底下的薄薄膜翅，扑棱扑棱地飞向空中。

一只七星瓢虫幼虫在长为成虫之前，会吃掉大约 600 只蚜虫。

小胖子：红尾熊蜂

熊蜂全身覆盖着长长的绒毛，有着胖乎乎的身体，十分可爱。不同的熊蜂，绒毛也有不同的颜色和花纹，就好像运动会上不同国家的选手穿着不同颜色的队服一样，有的熊蜂是黄黑色，有的则是黑白相间的。红尾熊蜂则全身大多是黑色，只有腹部末端长有红色的绒毛，也因此得名"红尾熊蜂"。

红尾熊蜂喜欢生活在森林里，特别是林中空地等潮湿的环境。找到合适的地方后，红尾熊蜂开始在土里挖洞筑巢。和其他种的熊蜂、蜜蜂一样，红尾熊蜂们在巢内过集体生活。一个蜂巢内的红尾熊蜂不会超过200只。和蜜蜂一样，红尾熊蜂蜂群中也有一只蜂后负责繁殖。

熊蜂身上的绒毛将其紧紧包裹，使其能在寒冷的环境下保持体温。再加上其身体会不断战栗发热，因此红尾熊蜂可以在其他蜂都耐受不了的寒冷天气下存活。

熊蜂对食物特别挑剔。为了找到甘甜可口的花蜜，它们甚至飞到离家10～15千米远的花丛中觅食。

名字：
红尾熊蜂

特点：
胖乎乎的，长满绒毛，腹部末端绒毛是红色的

拉丁学名：
Bombus lapidarius

体长：
10 ～ 20 毫米

雄性红尾熊蜂比雌性的触角更长，且头和"背"上有黄色的绒毛。

熊蜂和蜜蜂一样，在遇到危险时会利用螫针自卫。但熊蜂的螫针没有毒性，也很少会刺伤人类，而且只有雌熊蜂有螫针。

熊蜂小小的身体上覆盖了密密一层绒毛，采蜜时，花朵的花粉会沾在绒毛上。这样一来，熊蜂就成了这些花儿传粉的得力助手。今天，在温室中栽培的瓜果蔬菜的授粉工作也有熊蜂来帮忙。

不吸血的巨型"蚊子"：大蚊

大蚊是一种体形巨大的蚊子，一只大蚊几乎能占满成人的一个手掌心。它个头大，身体和四肢却很纤细。大蚊对人类无害，却总被当作超大号的吸血蚊子，让人们感到害怕。但大蚊并没有可以用来吸血的口器，其实是很无辜的。在燥热的夏季，它喜欢在小溪或池塘边的草地上、菜园里或牧场上飞舞。然而，幼年时期的大蚊却是一种害虫，小小的头部，没有足，会像蚯蚓一样在泥土里乱拱，寻找并破坏植物的根。根部受到伤害的植物会慢慢枯萎，有一些土豆地或者烟草田就会因为大蚊幼虫的破坏而变得颗粒无收。

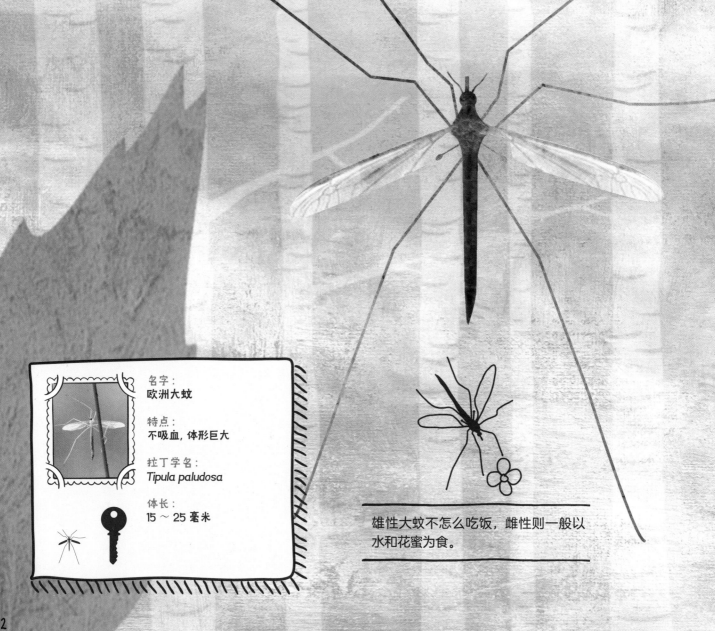

名字：
欧洲大蚊

特点：
不吸血，体形巨大

拉丁学名：
Tipula paludosa

体长：
15 ～ 25 毫米

雄性大蚊不怎么吃饭，雌性则一般以水和花蜜为食。

大蚊和大多数昆虫不同，它只有一对翅。原先的后翅演化成了被称为平衡棒的突起物。这根平衡棒使大蚊在飞行时得以保持平衡。

大蚊飞得特别慢，因此想抓住它们非常简单。当面临危险，马上就被抓住时，大蚊会自断足部，和壁虎断尾一样，目的是趁机逃走。不过很遗憾的是，大蚊断足后，就再也长不出新的来了。

讨人喜爱的木匠：紫罗兰木蜂

紫罗兰木蜂是世界上最大的蜂类之一。一只紫罗兰木蜂相当于三只蜜蜂加起来这么大。它们浑身黝黑，腹部不像熊蜂那样毛茸茸的，而是光溜溜的。两对狭长的翅从胸部延伸出来，飞行时会同时振动，因此看上去仿佛只有一对翅。这两对翅呈蓝紫色或紫褐色。紫罗兰木蜂会在木头里筑巢，因此得名。紫罗兰木蜂妈妈会在正在或已经腐朽的木头中挖出大洞，并划分出一个个供幼虫成长的小房间，在每个房间里产 6 ～ 8 颗卵。在每个房间内放置足够的食物后，把房门关上。孵化出的宝宝以摆在眼前的食物为食，慢慢长大。

紫罗兰木蜂会把用来喂养幼虫的花粉滚成球，像一个冰激凌球，然后把这个球放在幼虫的小房间里。

紫罗兰木蜂粗黑的身形看上去有点吓人。但紫罗兰木蜂其实并不可怕，性格十分温顺，在遇到危险时首先考虑的是逃跑。如果不是被逼无路，紫罗兰木蜂是不会用螫针攻击的。

猜猜我是谁？

紫罗兰木蜂不像其他蜜蜂一样喜欢热闹。紫罗兰木蜂长大后，会和它的妈妈一起组成小家庭，但不会过上蜜蜂式的集体生活。

3月
4月

紫罗兰木蜂整个冬天都在冬眠。春天刚来没多久，紫罗兰木蜂就会醒来，开始准备出门采蜜。因此三四月是最容易看见紫罗兰木蜂的月份。

名字：
紫罗兰木蜂

特点：
在木头里筑巢

拉丁学名：
Xylocopa violacea

体长：
2～3厘米

庄稼上的害虫：意大利蝗

意大利蝗的身体以灰褐色和黑色调为主。前翅是较为花哨的浅色，后翅紧贴身体的一侧则是粉红色的。但后翅鲜艳的颜色只有在它飞起时才会显露出来。因为通常情况下，后翅会像扇叶一样藏起来，只有在飞行时才会打开。

意大利蝗的后足特别粗壮，末端长满倒刺。足的形状让人联想起鱼竿，这里同样也是浅色的，其他部位则是粉色或者红色的。这些明亮的色块让意大利蝗十分易于辨认。

意大利蝗虽然吃素，但却是一副大腹便便的模样。它从不挑嘴，在众多食物中，尤其喜欢吃谷类、豆类和其他农作物，因此农民都讨厌它。有时这些蝗虫甚至会成群结队飞来危害农田。

当一大群意大利蝗集体飞行时，它们会顺着风向，一次可以飞数百千米远。

名字：
意大利蝗

特点：
吃素，大腹便便

拉丁学名：
Calliptamus italicus

体长：
14 ～ 40 毫米

7 月

每年 7 月，草原上的意大利蝗开始逐渐增多起来，直到夏末。由夏入秋时，每只雌性意大利蝗都会找到一片蒿草丛，产下多达 200 颗卵。

蝗亚目的蝗虫，都可以用后足上的刺摩擦前翅，来发出响声。

意大利蝗属于蝗亚目。它们的触角并不像螽斯那么长，而是比较短小。

意大利蝗不是只在意大利才能见到。欧洲几乎所有的荒原和旱地里都能见到这种蝗虫。

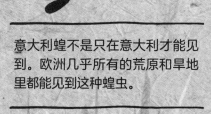

蜜蜂的替身演员：食蚜蝇

食蚜蝇是世界上最罕见的昆虫之一。它拥有极其出色的模仿能力，能假装成蜜蜂。很多时候人们以为看见了蜜蜂，争先恐后地拍照，但其实那是一只食蚜蝇。但你如果仔细观察，会发现食蚜蝇和蜜蜂有许多外观上的差别。比如，蜜蜂有两对翅，而食蚜蝇只有一对；蜜蜂的触角十分好辨认，而食蚜蝇的触角藏在两眼之间，又细又短。不过它黑黄相间的花纹倒是很像蜜蜂。食蚜蝇和蜜蜂一样，喜欢在花丛中飞舞。成年食蚜蝇以花粉、花蜜为食，而幼虫却能吃荤 —— 这一点也和蜜蜂不同。幼年食蚜蝇主要吃花朵中的害虫 —— 蚜虫，既填饱了自己的肚子又为花朵消灭了天敌，可谓一举两得。

很多食蚜蝇的寿命只有 1 年左右。

名字：
大灰优食蚜蝇

特点：
善于模仿，是花朵的好朋友

拉丁学名：
Eupeodes corollae

体长：
6 ~ 11 毫米

猜猜我是谁?

雄性食蚜蝇的眼睛是连在一起的，雌性的眼睛则是分开的。

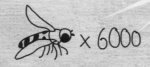

全球共有大约6000种食蚜蝇。

一种生物模仿另一种生物或非生命物体以躲避天敌的现象，在生物学中被称作拟态。食蚜蝇模仿蜜蜂，就是拟态最生动的范例。蜜蜂有螫针，而食蚜蝇没有类似的自卫武器，所以食蚜蝇假装成蜜蜂，可以一定程度上令敌人不敢靠近。

食蚜蝇和蜜蜂一样，会帮助花朵传粉。它们将一朵花的花粉携带到另一朵花，从而帮助植物结果。

幼虫比成虫还危险：蚁蛉

蚁蛉成虫有着蜻蜓般薄薄的翅和纤细的腰肢，对其他虫子很温和，但蚁蛉幼虫却截然相反。幼虫时期的蚁蛉有一个巨大的颚，身材胖乎乎的，却能以你根本无法想象的速度猛地一下子捉住蚂蚁，并吞进肚子里。也正是因为这种凶猛的个性，人们给它起名为"蚁狮"。其实蚁狮并没有蚂蚁爬得快，它胖乎乎的，根本追不上蚂蚁。但是，蚁狮会提前布置陷阱，它

在松软的土里挖出一个漏斗形的小坑，自己悄悄钻到小坑的底部，然后耐心等待。如果有路过的蚂蚁一不小心失足掉进坑里，由于松软的土壤难以承重，蚂蚁会慢慢往小坑的深处滚下去。这时，蚁狮通过土层的震动感知猎物已经送上门，就会做好攻击的准备。等到蚂蚁滚到坑的底部时，蚁狮从一个隐蔽的角落突然冲出，用巨大的颚一口咬住蚂蚁。

如果你要喂养蚁狮，你可以把一只蚂蚁当作晚餐送给它。

蚁蛉成虫只有1个月的寿命。

蚁蛉成虫和蜻蜓最大的不同，是它头上的触角像鹿角一样十分显眼。

名字：
泛蚁蛉

特点：
喜欢设陷阱捕捉蚂蚁

拉丁学名：
Myrmeleon formicarius

体长：
3～4厘米

蚁狮不但吃蚂蚁，还吃落入坑中的小蜘蛛和其他虫子。

猜猜我是谁？

蚁狮不会一口把蚂蚁整个儿吞掉。它会往蚂蚁的体内注入毒素，让蚂蚁的身体从内部腐蚀，逐渐化成液体。蚁狮会吸食这些汁液，然后把剩下的残渣扔掉。

蚁蛉成虫为了避开天敌，在白天会躲藏起来，只在夜晚活动。在夜晚，蚁蛉甚至会飞到你家阳台上。因为在黑夜中它们特别喜欢有光亮的地方。

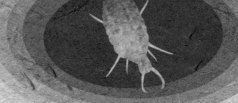

会使用化学武器的"臭屁虫"：克氏气步甲

在平原和森林地区，经常可以看到可爱又无害的克氏气步甲在四处转悠。老百姓管它叫"臭屁虫"，是因为它会使用"化学武器"——为了保护自己，向敌人释放的一种毒雾。这种毒雾，其实是名为对苯醌的臭味物质和沸水的混合物。不过克氏气步甲制造和使用这种武器的方法，在自然界中可是绝无仅有的。

克氏气步甲体内靠近尾部的一块区域里长有两个十分结实的袋状腺体，它们各储存一种化学物质。在需要喷射毒雾时，两种化学物质发生化学反应，形成对苯醌和水，同时产生大量热量。这些热量足以让水沸腾并变成水蒸气，同时产生的压力将水蒸气和对苯醌混合而成的毒雾高速喷出体外。

虽然克氏气步甲生活在荒原或灌木丛中，但它们喜欢在树林里或潮湿的地方产卵。

名字：
克氏气步甲

特点：
会使用化学武器

拉丁学名：
Brachinus crepitans

体长：
7.5～10 毫米

克氏气步甲向敌人喷射的毒雾会令敌人惊慌失措，遭受毒雾的折磨。我们的克氏气步甲就会抓住这个时机溜之大吉。

克氏气步甲是肉食性昆虫，通常在夜间出来活动。你常常可以看到一只吃饱喝足的克氏气步甲和好朋友们一起玩耍。

漂白剂

对苯醌有一股漂白剂的气味，这种物质会灼伤皮肤和眼睛，还会刺激呼吸系统。

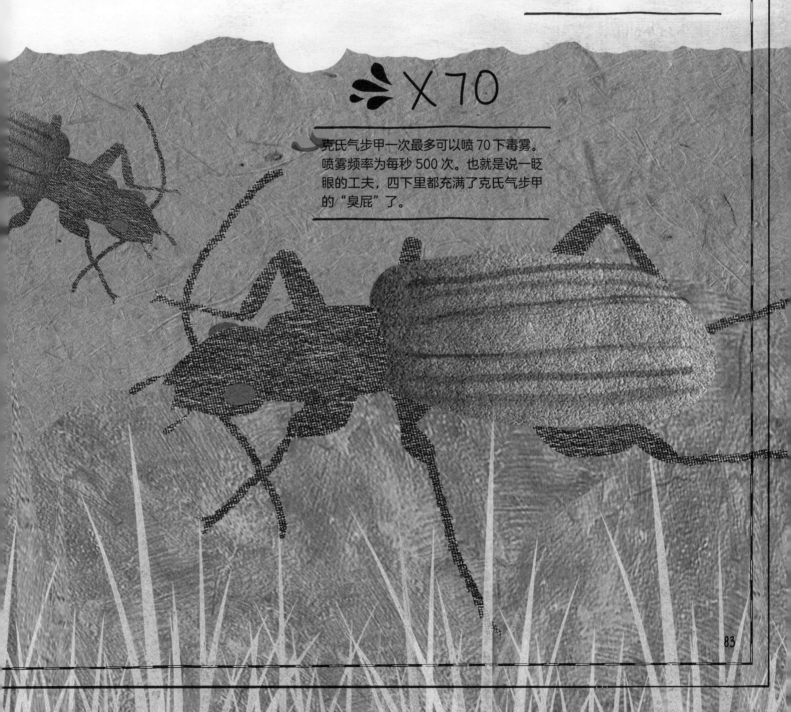

✕70

克氏气步甲一次最多可以喷 70 下毒雾。喷雾频率为每秒 500 次。也就是说一眨眼的工夫，四下里都充满了克氏气步甲的"臭屁"了。

祸害树木的"工程师"：黄脸虎天牛

天牛最显著的特征，是两个形如羊角、又弯又长的触角。这对触角的长度令人称奇，上面还有不同颜色形成的斑纹，让天牛看上去优雅极了。全世界共有大约 25000 种天牛。

黄脸虎天牛是众多天牛中的一种，也是世界上最稀有的物种之一，只生活在希腊。它们身上带有暗黄色花纹。黄脸虎天牛的幼虫能钻入树中筑巢，并在其中取食。由于内部不断被啃噬，这棵树会从内到外枯死。

黄脸虎天牛幼虫生活在某棵冷杉中，使这棵冷杉逐渐枯萎。

雄性天牛比雌性体形更大。

猜猜我是谁？

天牛又长又弯的触角很像山羊角，因此天牛在土耳其语中也被称为"羊角虫"。

名字：
黄脸虎天牛

特点：
长长的触角，树木的害虫

拉丁学名：
Anaglyptus luteofasciatus

体长：
1～2厘米

能吓跑鸟的虫子：棘角蝉

棘角蝉的背上有一个形似玫瑰尖刺的突出物，所以被叫作棘角蝉。这个"角"并不会刺伤你的手指，就算碰到，也不会刺破皮肤引起流血。但是，棘角蝉这一奇特的形状却表达出"我并不好吃"的意思，让前来觅食的鸟和其他天敌，一看见它就没了食欲。

棘角蝉平时生活在树上，以树的汁液为食。棘角蝉拥有蚊子一样长长的口器，便于吸食树汁。这个小"吸管"，可以刺破树枝的表皮，缓缓插进表皮下面，吸取养分。一两只棘角蝉用小小的口器在树枝上吸几口，对树来说不痛不痒。但如果几百只棘角蝉聚集在一起吸食同一棵树的汁液，就可以摧毁这棵树。

雄棘角蝉背上的突起并不是尖的，而是钝的，但雌虫的突起是尖的。

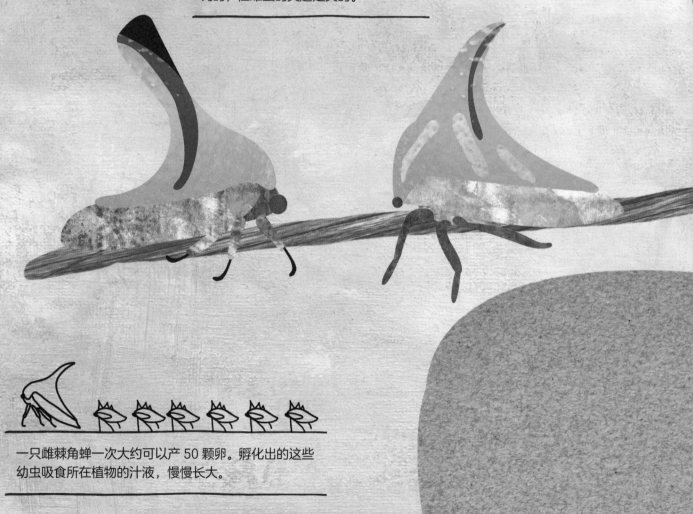

一只雌棘角蝉一次大约可以产 50 颗卵。孵化出的这些幼虫吸食所在植物的汁液，慢慢长大。

在美国，棘角蝉是山茶树、刺槐和含羞草最危险的敌人。

棘角蝉背上的角状突起，会让天敌产生一种不好下口的感觉。

棘角蝉幼虫背上的"角"不是一个，而是三个。

名字：
棘角蝉

特点：
有"角"

拉丁学名：
Umbonia crassicornis

 体长：
9 ～ 10 毫米

歌剧演唱家：十七年蝉

十七年蝉，是美国和加拿大特有的蝉。就和它的名字一样，十七年蝉是一种拥有漫长生命周期的昆虫，从一颗小小的卵长成三厘米长的歌唱家，需要整整十七年。这十七年间，幼虫潜伏在土中，吸食树根的营养而缓慢成长。成虫后，十七年蝉破土而出。只有雄性会鸣叫，叫声来自腹部两侧的膜片，通过振动膜片而发出的声音。雄性鸣叫是为了宣示领地和吸引雌性，而雌性的听觉器官同样位于腹部，听到雄性的鸣叫，雌性最后选出叫声最好听的那一只，和它组成一个幸福美满的家庭。

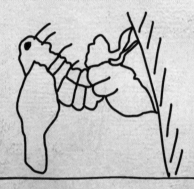

在土里缓慢生长的十七年蝉幼虫在最后一年的三月份，会开始挖掘通向地面的洞。爬出地面的幼虫会趴在一棵树上，完成最后一次蜕皮，然后变成成虫，长出翅，飞向空中。

十七年蝉的一生中，只有产卵的过程会对树木造成伤害。产卵的过程会阻碍小树苗成长，有的地方可能会因为十七年蝉产卵而逐渐变成一片荒地。除此之外，十七年蝉并没有其他危害。

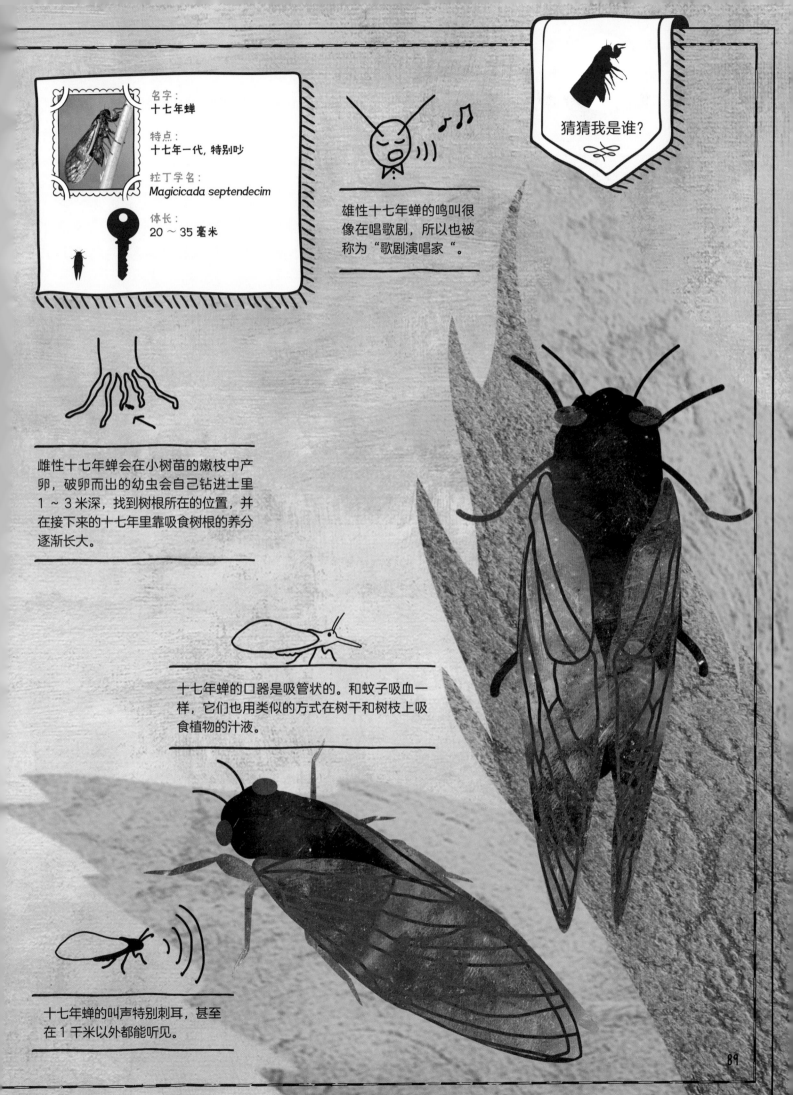

名字：
十七年蝉

特点：
十七年一代，特别吵

拉丁学名：
Magicicada septendecim

体长：
20 ～ 35 毫米

雄性十七年蝉的鸣叫很像在唱歌剧，所以也被称为"歌剧演唱家"。

雌性十七年蝉会在小树苗的嫩枝中产卵，破卵而出的幼虫会自己钻进土里1 ~ 3米深，找到树根所在的位置，并在接下来的十七年里靠吸食树根的养分逐渐长大。

十七年蝉的口器是吸管状的。和蚊子吸血一样，它们也用类似的方式在树干和树枝上吸食植物的汁液。

十七年蝉的叫声特别刺耳，甚至在1千米以外都能听见。

咬合力超强的蚂蚁：粒纹大齿猛蚁

粒纹大齿猛蚁，有个长方形的扁头，口器中伸出两根短而粗的大颚，真是一副有趣的模样。算上大颚，整个头部差不多能达到身长的一半。在大颚上方，伸出两根胡须般的触角，尾部还有一根小小的螯针，全身褐色，腹部有个三角形的突起。粒纹大齿猛蚁平日里捕食落叶底下藏着的白蚁、蚂蚁和其他昆虫尸体。它的大颚能帮助它更轻松地捉到猎物。大颚的另一个作用，是可以在危急关头帮助它脱险。当遇到危险时，大颚用力撞击地面，这可以让自己一下子蹦到 9 厘米高，落在 40 厘米远处。粒纹大齿猛蚁咬合的速度比人类眨眼速度快 2000 多倍，因此粒纹大齿猛蚁是动物界最快跳跃速度的纪录保持者之一。

粒纹大齿猛蚁尾部螯针里的毒素对人类来说并不严重，仅仅会引起皮肤瘙痒和过敏。

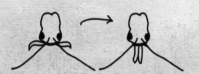

粒纹大齿猛蚁的大颚几乎可以张开 180 度，而且可以迅速合拢，咬住猎物。

名字：
粒纹大齿猛蚁

特点：
咬合力极强

拉丁学名：
Odontomachus bauri

体长：
8 ～ 10 毫米

粒纹大齿猛蚁的弹跳可以被类比成"爆米花"，因为它能够像爆米花一样，在电光石火间蹦出老远。

粒纹大齿猛蚁的巢穴并不像其他蚂蚁一样拥挤。一个巢穴里最多有 200 只个体一起生活。

猜猜我是谁？

粒纹大齿猛蚁的大颚无比发达，如果一个人用同等比例的力量跳起来，他会一下子跳到 13 米高、40 米远的地方。

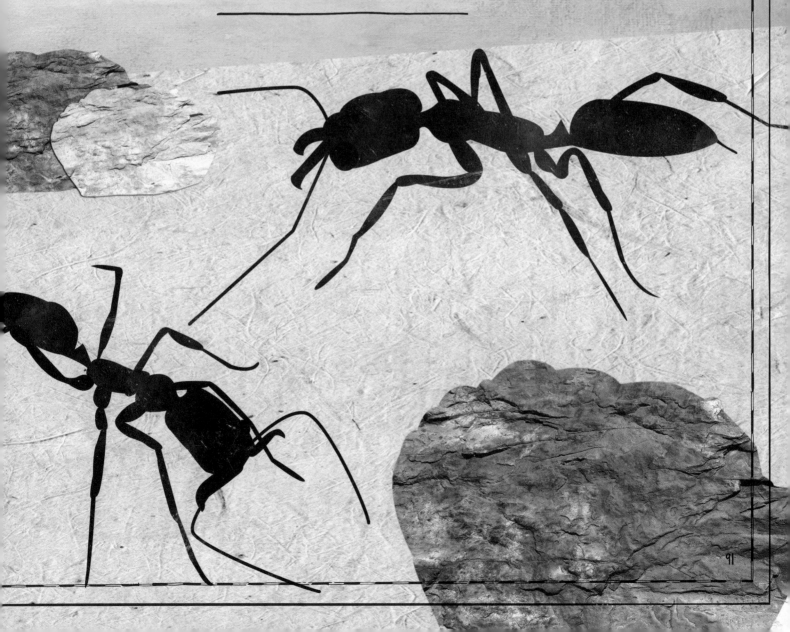

一幅会飞的"画"：宽纹黑脉绡蝶

蝴蝶大都十分美丽，令人注目。宽纹黑脉绡蝶虽然颜色和斑纹比较单一，却像大自然中一件精美的艺术品。因为它的双翼就像玻璃做成的一样，是透明的，仅仅在边缘处有淡红色和淡褐色的斑纹点缀，你甚至能透过翅看见后面的物体。宽纹黑脉绡蝶翅腹部的后半段线条更加饱满。宽纹黑脉绡蝶和许多昆虫一样，有三对足，不过一对前足十分小巧，几乎看不见。这一对前足并不是用来走路的，而是它的味觉器官。由于前足太小，所以宽纹黑脉绡蝶乍看上去好像只有两对足。

宽纹黑脉绡蝶透明的翅是最好的伪装工具。就像变色龙会根据周围环境改变身体颜色一样，如果一只宽纹黑脉绡蝶停在草丛里，它透明的翅会和周围环境的颜色融为一体，你根本找不到它。这种伪装手段能骗过不少粗心的天敌。

宽纹黑脉绡蝶通常栖息在拉丁美洲雨林的深处。

宽纹黑脉绡蝶在众多蝴蝶中算中等大小。它们很喜欢阳光，在白天活动。

20 千米

宽纹黑脉绡蝶双翅虽然宽大，却不笨重。这对翅可让它日行 20 千米。

宽纹黑脉绡蝶光靠伪装不能骗过所有敌人。它的幼虫通过取食特殊植物，在体内积累了一些恶臭辛辣的毒素。假如宽纹黑脉绡蝶被敌人逮住，敌人咬一口就会松口，心想"这是什么东西？这么难吃！"，然后跑掉。

名字：
宽纹黑脉绡蝶

特点：
翅透明

拉丁学名：
Greta oto

体长：
2～3 厘米

彬彬有礼的大力士：长戟大兜虫

长戟大兜虫，又名赫拉克勒斯大兜虫，名字来源于古希腊神话中的大力神赫拉克勒斯。这种虫子的确力气很大，但这么大的力气可不是用来捕猎的。因为长戟大兜虫幼虫以森林里的枯木为食，而成虫以落在地上的腐烂水果为食，尤其喜欢吃香蕉和芒果。这么一想，它其实是一种贪吃的昆虫。如果四周有很多的水果，它会一整天从早吃到晚。

长戟大兜虫的雌虫没有角，而雄虫有两只巨大的角。雄虫下面的头角是从头部延伸出来的，上面的胸角是胸部背板的延伸，比头角更长，且末端向下弯曲。胸角的下缘长满了深红色的绒毛，好像一把刷子；头角上有锯齿状分叉，向上弯曲。

从某种角度来看，长戟大兜虫是很有礼貌的昆虫。同时，它又十分勇敢，可以用巨角吓退敌人。

长戟大兜虫的外壳颜色会随着空气湿度不同而有所改变。天气湿润时，外壳是黄绿色的；天气干燥时，外壳会变成黑色。

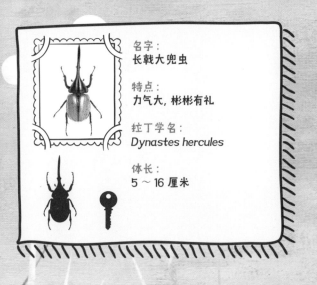

名字：
长戟大兜虫

特点：
力气大，彬彬有礼

拉丁学名：
Dynastes hercules

体长：
5 ～ 16 厘米

算上头上的角，长戟大兜虫身体可达到 16 厘米长（雄性）。其中胸角就占了一半的长度。

猜猜我是谁？

长戟大兜虫可以用角举起比自己重很多倍的物体。

1 ～ 2 年

长戟大兜虫的幼虫会在 1 ～ 2 年内长成一个手掌大小和 150 克左右重的成虫，长成成虫后还有 6 ～ 12 个月的寿命。尽管是个大力士，但它的寿命却不超过三年。

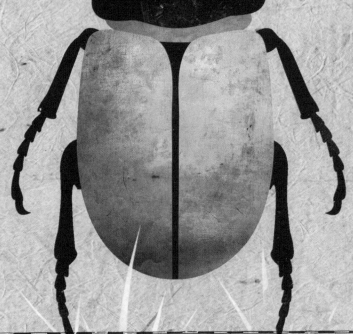

外·观诡异的昆虫：巴西棘角蝉

巴西棘角蝉拥有其他昆虫都没有的诡异外观。它的头上顶着四个朝向不同的小圆球，还有一根"长杆"向尾部延伸出去。这四个小圆球既像一把伞，又像直升机的螺旋桨，因此巴西棘角蝉看上去像科幻电影里的外星生物。巴西棘角蝉肯定不是从外星来的，因为除了头上的四个小球，它身体的其他部位和其他昆虫并无两样。但直到今天，科学家都无法解释这四个古怪的小球的实际用途。目前最合理的解释是，巴西棘角蝉借助这四个突起，来分散敌人的注意力，而且这些小球上的绒毛，可以帮它闻到气味，或者感觉到空气震动。

巴西棘角蝉不会像叶蚜那样群居生活，它们独来独往。

巴西棘角蝉的腹部末端不时会分泌出甜甜的液体。对于蚂蚁来说，这简直是美味的甜点，所以蚂蚁们都很喜欢巴西棘角蝉，甚至会在敌人面前保护它的安全。毕竟巴西棘角蝉并不吝啬把这些液体分给蚂蚁们饱腹。

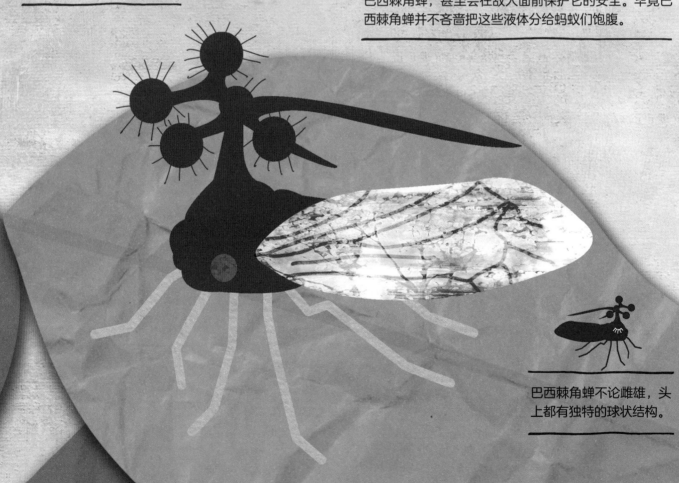

巴西棘角蝉不论雌雄，头上都有独特的球状结构。

猜猜我是谁？

巴西棘角蝉的口器是吸管状的，通过细长的口器，它可以啄破植物的表皮，吸取里面的汁液。

巴西棘角蝉头顶的四个小球乍看上去好似它的眼睛。但其实不是，小球们只不过是裹了一层坚硬的外皮罢了。

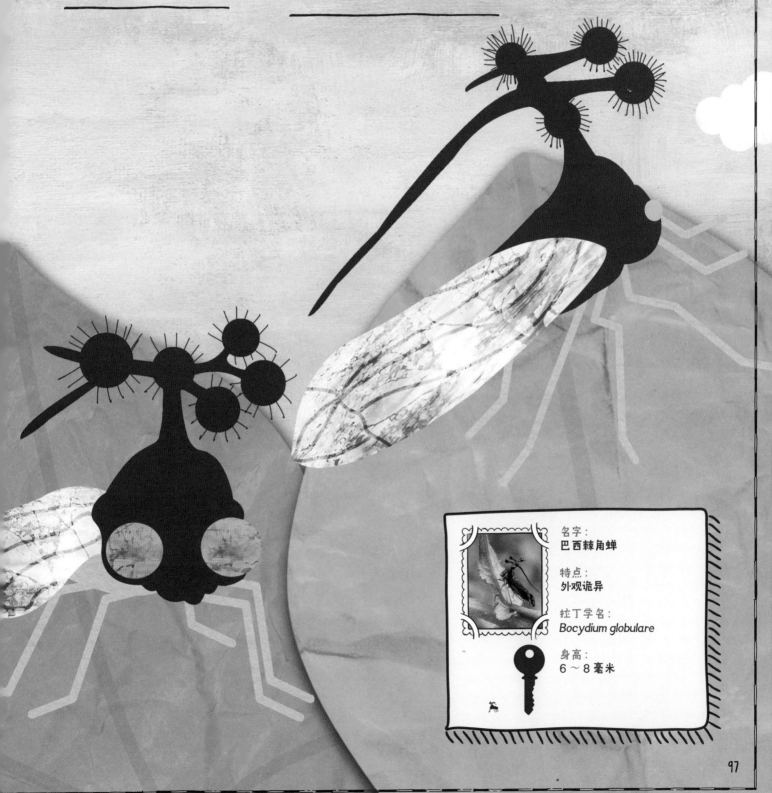

名字：
巴西棘角蝉

特点：
外观诡异

拉丁学名：
Bocydium globulare

身高：
6～8毫米

长途旅行者：帝王蝶

黑脉金斑蝶，俗称帝王蝶，是世界上最喜欢长途旅行的蝴蝶之一。其实不仅在蝴蝶界，放眼整个昆虫世界，都极少有昆虫能像帝王蝶一样有长途旅行的习性。因为一般蝴蝶的寿命不长，不太可能长途跋涉。帝王蝶夏季生活在加拿大和美国北部的几个州，等天气变冷，就会开始往南迁徙。在一场迁徙中，帝王蝶要飞越 5000 多千米的距离。

帝王蝶幼虫吃乳草长大。不过以乳草为食是很危险的，因为乳草茎叶里含有黏稠而有毒的乳汁。帝王蝶幼虫只好小心翼翼地先咬断乳草的叶脉"放毒"，再取食，也能在体内储存部分毒素。值得一提的是，有时乳草流出的大量有毒的"乳汁"会粘住并淹死一些幼虫。

帝王蝶的翅以橙色和黑色为主。翅边缘的黑色条纹和星星点点的白色斑纹都是它最明显的标志。

80 千米

帝王蝶的一次迁徙会持续两个月之久。在迁徙途中，帝王蝶每天要飞约 80 千米。

脂肪仓库

每到冬天，帝王蝶会一动不动冬眠四个月。这段时间，它体内的脂肪会转化成能量消耗掉，这让帝王蝶得以维持生命，熬过寒冬。

名字：
黑脉金斑蝶

特点：
长途的旅行者

拉丁学名：
Danaus plexippus

翅展：
12 厘米

猜猜我是谁？

虽然吃乳草有中毒的危险，但同时这也为帝王蝶带来了好处。乳草中的毒素会在它们体内慢慢积累，这并不会对它自身造成伤害。不过一些本想吃掉它的鸟儿一闻到这股毒素的气味，就会掉头飞走。

帝王蝶并不是独自出行，而是成千上万只共同迁徙。数百万只帝王蝶组成一朵巨大的"云朵"，向目的地"飘"去。

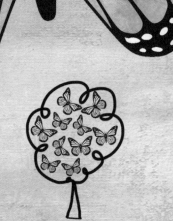

帝王蝶抵达迁徙目的地时，时间往往已到十二月。它们相继进入冬眠，直到来年三月天气转暖时醒来。帝王蝶睡觉时不像人类需要被子和枕头，它们会在森林里选一个僻静的角落，在同一棵树上冬眠。成千上万只帝王蝶静静地栖息在一棵树上，你会误以为那是一片片树叶。

劳动楷模：切叶蚁

切叶蚁因其勤劳又强壮的特点而闻名。它能轻松搬起比自身重 20 倍的叶片。而且它的上下颚也十分有力，可以轻易把一整片叶子咬成碎片，之后再用强壮的前足把这些碎片举到头顶，运回巢穴。到了巢穴，再把叶片进一步分成更小块，并放置到各个房间里。在各自被放置的小房间里，这些叶片被用来培养真菌。也就是说，切叶蚁就像一群农民，自己种真菌自己吃！

切叶蚁不会直接吃这些采来的叶片，因为胃里没有消化叶片的酶。如果一只切叶蚁一不小心吃了一片叶子，由于在胃里无法消化，它会一整天在地上疼得打滚。切叶蚁唯一吃的食物是真菌，而且它们还不吃大自然里生长的真菌，只吃在小房间的叶片上亲手养大的真菌。切叶蚁的蚁巢通风很好，真菌在生长过程中释放的二氧化碳会直接被吹走，不会影响切叶蚁的健康。

切叶蚁对于培养真菌的叶子并不挑剔，巢穴附近大多数树木的叶子都能引起它们的兴趣。

切叶蚁中，工蚁的上下颚十分发达，每秒可以振动多次，就像一台电锯一样，将较大的叶片切成小块。

2 年　　15～20 年

蚁巢中普通工蚁的寿命一般不超过两年，而蚁后则能活上 15～20 年。

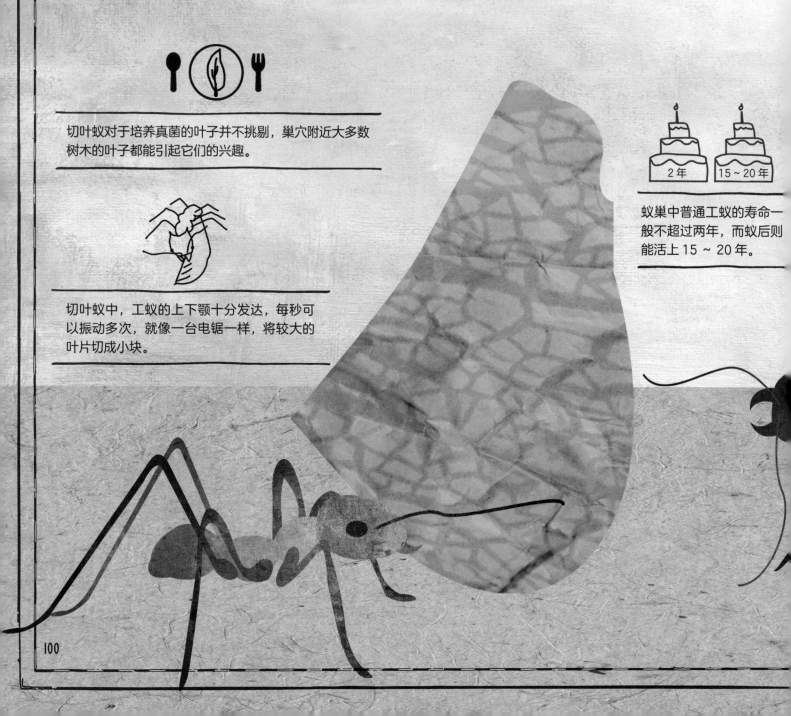

名字：
哥伦比亚芭切叶蚁

特点：
力气大而勤劳的"工人"

拉丁学名：
Atta colombica

体长：
8 ～ 15 毫米

通过切叶蚁的辛勤劳作，雨林里至少 15% 的落叶都得到了回收利用。

猜猜我是谁？

数量：200 万

一个巢穴中，可能生活着几百万只切叶蚁，其中 99% 都是工蚁。由于分工明确，它们的工作和生活井然有序，一点都不混乱。

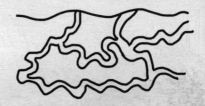

切叶蚁的地下巢穴非常复杂，一个 30 ～ 40 平方米的区域里有七八千个房间，将这些房间连通起来的隧道可以一直延伸到地下 70 米深处。

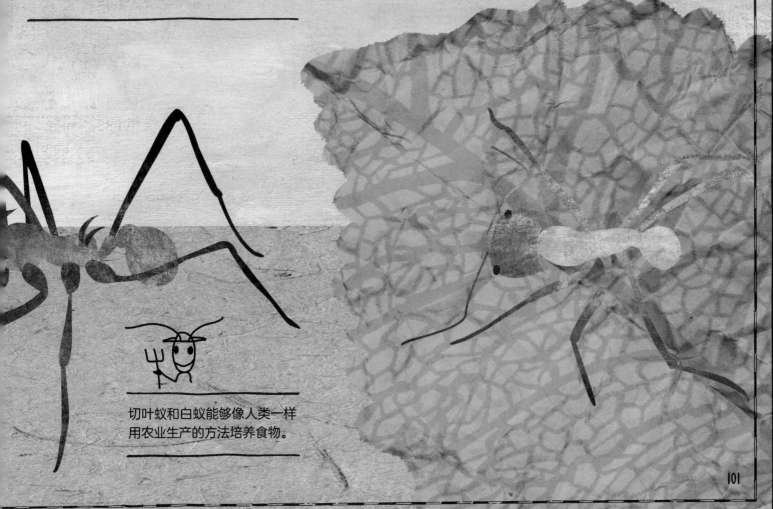

切叶蚁和白蚁能够像人类一样用农业生产的方法培养食物。

雄蜂也采蜜：圆顶熊兰花蜂

一只雌性蜜蜂在一朵花上停留时，会用口器把花蜜吸进蜜囊里。同时，花粉也会沾在蜜蜂身上，从而被携带到另一朵花上。这样一来，蜜蜂就顺手帮花儿传了粉，植物也得以顺利繁衍后代。正常情况下，这项工作是属于雌蜂的，雄蜂帮不上什么忙，但圆顶熊兰花蜂却有所不同。雄性圆顶熊兰花蜂特别喜欢花香，因此经常拜访香气扑鼻的兰花，想让自己也沾上一些芬芳扑鼻的香气。但在这个过程中，它们不小心浑身沾满了花粉，这些在花丛中徘徊的圆顶熊兰花蜂，在不经意间将身上的花粉带给了另一朵兰花。由此看来，圆顶熊兰花蜂的雌蜂和雄蜂都为兰花的繁衍做了贡献。

雄性圆顶熊兰花蜂对兰花的痴迷是它们名字的由来。

圆顶熊兰花蜂不会像蜜蜂那样建立巨大的蜂巢。

名字：
圆顶熊兰花蜂

特点：
雄蜂采蜜，而且钟情于兰花

拉丁学名：
Eulaema bombiformis

体长：
15 ～ 20 毫米

圆顶熊兰花蜂是南美洲特有的昆虫种类。

雄蜂的后足发达，带有尖刺。它可以用足在兰花上蹭来蹭去，让香气充分包裹自己。

猜猜我是谁？

雌性圆顶熊兰花蜂会从不同种类的花里采集花蜜和花粉，而雄蜂只钟情于兰花。

雄蜂很爱妻子。它在兰花丛里沾得一身芳香，是为了讨妻子欢心，这样夫妻之间交流会更愉快。

表面可爱，实则恐怖：熊猫刺蚁蜂

熊猫刺蚁蜂其实不是蚂蚁，也不像蚂蚁一样集体生活。它的名字中有"蚁"字仅仅是因为它的外形酷似蚂蚁，有着蚂蚁一样一节一节的身体，和大大的头部。不过它最显著的特点其实是全身天鹅绒般柔顺的黑白色绒毛。正是因此，它长得特别像一只穿着贝西克塔斯球衣（贝西克塔斯足球队是土耳其最著名的球队之一，球衣主色为黑白色）的蚂蚁。它身上的黑白条纹很像中国的熊猫，因此被称作"熊猫刺蚁蜂"。熊猫刺蚁蜂的外表很有欺骗性，因为在愤怒时，它就化身成一个拥有致命毒液的杀手。熊猫刺蚁蜂的尾部藏有一根不起眼的螯针。只要被这根针轻轻扎一下，一头牛也能疼得直跳脚。当然了，这根螯针本身扎一下并不太疼，但被注入的毒素带来的疼痛更可怕。因此人们送给它一个绰号"公牛杀手"。

熊猫刺蚁蜂只有雌性带有螯针。它甚至可以用这根螯针连刺敌人好几下，以加强毒素的威力。

熊猫刺蚁蜂没有自己的巢穴，它们偷偷跑进别的虫子的巢穴里产卵，然后赶紧溜走。在别人家巢穴里慢慢长大的熊猫刺蚁蜂幼虫有时因为太饿了，甚至会把巢穴主人给吃掉。

名字：
熊猫刺蚁蜂

特点：
毛茸茸的身体，有毒

拉丁学名：
Euspinolia militaris

体长：
6～8 毫米

猜猜我是谁？

熊猫刺蚁蜂的外表皮很厚实，可以在其他昆虫以及兵蚁袭击自己时提供充分的保护。而且在天气非常炎热时，这层外表皮还可以防止体内脱水。

熊猫刺蚁蜂的黑白斑纹其实是它们的一种警戒色，仿佛在暗示其他昆虫"我有毒，你别靠太近哟"。很多虫子确实因此不敢靠近它们。

如果你看见一只没有翅的熊猫刺蚁蜂，你可以确定它是雌性。因为雄性熊猫刺蚁蜂有翅。

伪装高手：泰坦竹节虫

叫它木棍虫、竹节虫还是叫它"蜻"？它到底是什么？什么，你还没找到它？哈哈，我其实并不惊讶。你只有仔细观察，才能注意到竹节虫。有的竹节虫只有火柴棍大小，有的却有成人的一个手臂那么长。泰坦竹节虫是最大的竹节虫之一。尽管它体形巨大，但这种来自澳大利亚的昆虫通常躲藏在灌木丛中，很难被发现。它会尽最大努力和所在的树枝融为一体，人们往往分不清哪一段是树枝，哪一段是泰坦竹节虫。有时，泰坦竹节虫会突然放缓脚步，颤颤巍巍地爬行。这不是因为它害怕，而是它在模仿树枝被风吹动时颤动的样子，以便在敌人的眼皮底下而不被发现。

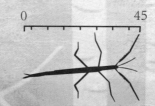

0　　　　　45

如果泰坦竹节虫把四足充分伸展开来，它的身长可以达到 45 厘米。

雄性泰坦竹节虫比雌性要短小。

泰坦竹节虫保持苗条和健康的秘诀，就在于它们主要吃绿叶蔬菜。

猜猜我是谁？

竹节虫习惯在夜间活动。白天，它们会趴在一根树枝上一动不动。

名字：
泰坦竹节虫

特点：
伪装专家

拉丁学名：
Acrophylla titan

体长：
可达 45 厘米

世界上最胖的昆虫之一：小巴里尔岛巨沙螽

沙螽是一种仅仅生活在新西兰的螽斯。和其他螽斯一样，沙螽也有长长的触角和六只足，但与其他螽斯不同，它的体形非常庞大。沙螽中最大的种类之一——小巴里尔岛巨沙螽，和一只小麻雀差不多大小。尽管小巴里尔岛巨沙螽看上去高大威猛，令人望而生畏，但它其实不会伤害人类。如果你用手去逗它，它也不过想用巨大的口器去试着咬你玩，但并不想真的吃掉你。因为它是素食主义者，不会吃你的。它最喜欢做的事，就是在夜晚的雨林里，在茂密的叶子间慢悠悠地踱步，尽情地享用各种各样的草叶。白天则躲藏在叶片底下。它一副大腹便便的模样，整天只想着吃，被认为是全世界最胖的昆虫之一。因为太胖，在需要逃跑时往往跑不快，于是它干脆不跑，而是去主动吓唬敌人，张口就咬，或展示足上的尖刺。当然了，这招也不是每次都管用！

雌性小巴里尔岛巨沙螽比雄性体形更大。此外，雌虫尾部还有一根产卵用的"管子"。

名字：
小巴里尔岛巨沙螽

特点：
硕大无比，特别贪吃

拉丁学名：
Deinacrida heteracantha

体长：
7～10 厘米

一只小巴里尔岛巨沙螽幼虫自出生起，需要花一年半的时间，蜕 10 次皮，才能完全长大。

猜猜我是谁？

小巴里尔岛巨沙螽最大的敌人是猫和老鼠。因为这两种天敌的威胁，小巴里尔岛巨沙螽已濒临灭绝，不过如今已受到人类的保护。

2011 年，人们发现了一只重达 71 克的小巴里尔岛巨沙螽。这个大家伙，就算一根胡萝卜都能吧唧吧唧地轻松吃掉。这只小巴里尔岛巨沙螽被认为是世界上最重的昆虫之一。